プロトタイピング実践ガイド

スマホアプリの効率的なデザイン手法

深津 貴之、荻野 博章［共著］

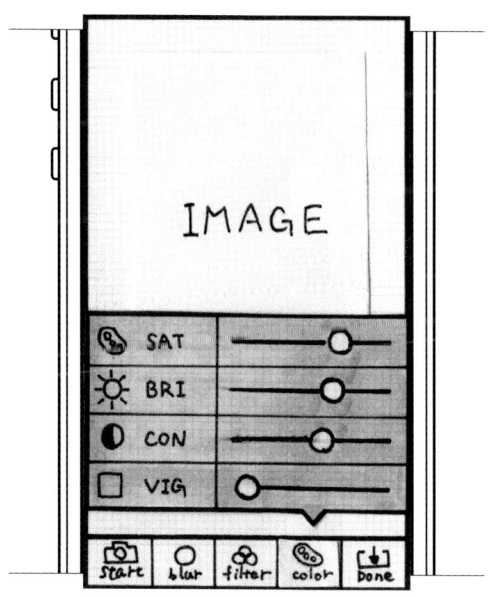

インプレス

■本書の内容と商標について
・本書の内容は、2014年6月の情報に基づいています。記載したURLやサービス内容などは、予告なく変更される可能性が
 あります。
・本書の内容によって生じる直接的または間接的被害について、著者ならびに弊社では一切の責任を負いかねます。
・本文中の社名、製品・サービス名などは、一般に各社の商標または登録商標です。本文中にⒸ、Ⓡ、™は表示していません。

はじめに

近年、iOS をはじめとした多くのスマートフォンアプリが世の中に公開されており、アプリ市場は大きな盛り上がりを見せています。競争は激化する一方で、さまざまな企業が競合他社に負けないように、より優れたアプリをより早く公開する必要に迫られています。そして、アプリの開発者はこれまで以上にスピーディーにクオリティの高いアプリを開発しないと、時代の流れに取り残されることになります。

こうした状況下で、高品質なアプリを効率的かつ素早く開発する手法として、プロトタイピングが注目を集めています。本書『プロトタイピング実践ガイド』は、スマートフォンアプリを中心としたプロダクト開発における効果的なプロトタイピングの手法を解説し、実際の設計やデザイン、開発業務に役立つ情報を提供することを目的としています。特に要件定義や設計など開発初期フェーズにおけるプロトタイピングにフォーカスして、基礎知識から実践までを網羅します。また、教科書通りの杓子定規な手法ではなく、実践を重視した内容を心掛けています。実際に作成した画面を載せつつ、思考と作業の流れを含めて解説します。

本書は、設計担当者やエンジニア、UI デザイナーなど、スマートフォンアプリ開発現場、特にテクニカルサイドの方々に幅広く役立つ内容と自負しています。加えて、企画担当者やディレクター、プロデューサー、プロジェクトマネージャなど、アプリ開発に関わる全ての方々にも活用していただけます。

本書を手にする皆様のスマートフォンアプリ開発の一助となれば幸いです。

2014 年夏　執筆陣を代表して
荻野 博章

Contents

はじめに ……………………………………………………………………… 003

Chapter 01 プロトタイピングの概要 …………………………………… 007

- 1-1　目的とメリット ……………………………………………………… 008
- 1-2　プロトタイピングの内容 …………………………………………… 017
- 1-3　コンペのためのプロトタイピング ………………………………… 028

Chapter 02 プロトタイピングのプロセス ……………………………… 033

- 2-1　デザインプロセス …………………………………………………… 034
- 2-2　分析・仮説 …………………………………………………………… 039
- 2-3　プロトタイピング …………………………………………………… 053
- 2-4　検証 …………………………………………………………………… 077

Chapter 03 ペーパープロトタイピング …… 095

- 3-1 　ペーパープロトタイピングの道具 …… 096
- 3-2 　ペーパープロトタイピングのプロセス …… 104
- 3-3 　fladdict 式メソッド＆ツール …… 111

Chapter 04 ツールプロトタイピング …… 121

- 4-1 　POPを使ったプロトタイピングのプロセス …… 122
- 4-2 　Briefsを使ったプロトタイピングのプロセス …… 140
- 4-3 　プロトタイピングツール紹介 …… 155

Chapter 05　プロトタイピングの実践 — 161

- 5-1　TiltShift Generator2 — 162
- 5-2　カーシェアリングアプリ — 169
- 5-3　家具カタログアプリ — 187
- 5-4　連絡帳アプリ — 202
- 5-5　会議管理アプリ — 217

参考サイト — 229

参考書籍 — 229

用語集 — 230

索引 — 234

著者プロフィール — 239

Chapter 01

プロトタイピングの概要

Chapter 01

1-1 目的とメリット

Webサイトやスマートフォンアプリの開発がスタートすると、多くの場合は、開発チームがUI設計書やデザインカンプを作成し、それに基づいてサイトやアプリを実装することになります。

しかし、このフローで開発を進めると、プロダクトがユーザーにとって使いやすいのか、ユーザーが本当に必要とするものであるかは、実装が完了するまで分からない場合がほとんどです。そのため、プロダクトの最終形が想像できる開発工程の終盤や実装がほぼ完了した時点、実際にプロダクトを世に送り出してから、「使いにくい」「どこに必要な情報があるのか分からない」など、後戻りできない問題が発覚することが頻繁に発生します（図1.1）。

こうした「手遅れ」状態になる前に、問題の早期発見とその解決手法として、「プロトタイピング」が注目を集めています。本章では、そもそもプロトタイピングとは何なのか、なぜプロトタイピングが必要なのか、その目的やメリットを説明します。

1-1-1 プロトタイピングとは

ソフトウェア開発におけるプロトタイプとは、主にシミュレーションを目的とした、本実装を

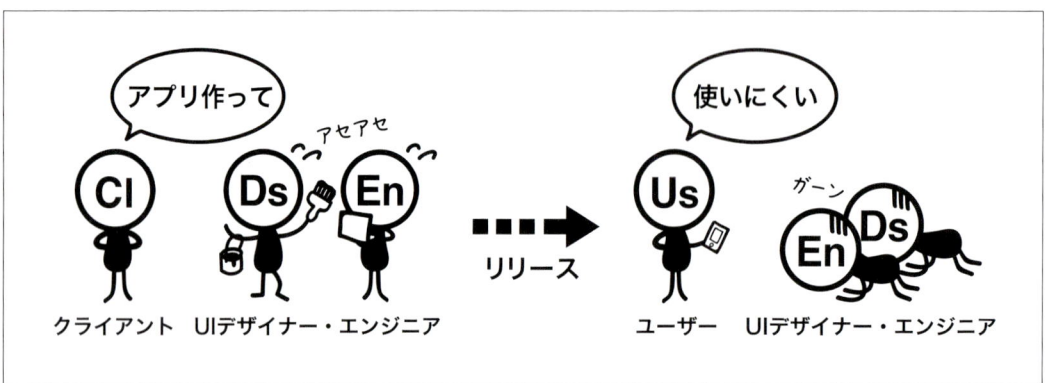

図1.1 Webサイト、スマートフォンアプリ開発の現状

開始する前に作成する試作品のことを指します。一言でプロトタイプと言っても、詳細仕様が詰めきれていない時点で作成されるペーパープロトタイプや、単純な動作モックレベルの「低精度プロトタイプ」から、実際にソフトウェアとして機能する暫定システムレベルの「高精度プロトタイプ」までさまざまなものがあります。

本書で解説するプロトタイピングは、主に紙などを使った実装前の「低精度プロトタイピング」を中心とした手法です。低精度プロトタイピングでは、プロトタイピングの本質である、リスク回避と初期段階での可能性の模索をメインに扱います。設計フェーズの早期段階からWebサイトやスマートフォンアプリなどのプロダクトのプロトタイプを作成し、検証と改善を繰り返すことで機能要件やUI設計、デザインを進めていくプロセスを解説します（図1.2）。

1-1-2　なぜプロトタイピングが必要か

現在では、多くの企業が自社のWebサイトを持ち、さまざまな情報やサービスを提供しています。また、スマートフォンアプリでも、数年前と比較すると開発ベンダーの数は大きく増加しています。

図1.2 プロトタイピング

さらに、開発技術が広く浸透して、各種フレームワークなども揃ってきたことで、Webサービスやスマートフォンアプリ事業への参入ハードルも下がり、市場競争は激化する一方です。

そのため、ユーザーが直感的に使用できるのか、迷わず目的を達成できるのかなど、プロダクトの使い勝手の良さが特に重視される傾向にあります。また、競合より少しでも早くプロダクトをリリースするため、開発スピードも求められています。

こうした状況を受けて、プロジェクトマネージャやクライアントから、「失敗できないので開発の前に十分な検証を実施したい」、「とにかく早くWebサービスやアプリを公開したい」などの要望が年々増加しています。そのため、トレンドの移り変わりはもちろん、変化が激しい時代では、従来の要件定義書を最初に決めてしまうウォーターフォールモデルでは、もはや対応できないと言っても過言ではありません。また、評価と検品が最後ではリスクが高いことも懸念されています。

また、Webサイトやスマートフォンアプリを提供する企業の企画担当者やデザイナー、エンジニアからは、「実際に使用する立場のユーザーからの評価が良くない」など、芳しくない評価に悩む話をよく聞きます。例えば、スマートフォンアプリの場合、「App Store」や「Google Play」のレビューには、「使いにくい」「使い方が分からない」「必要な機能や情報がどこにあるか分からない」といった評価が多く書き込まれるなど、ユーザーにとって本当に使いやすく役に立っているとは言えないアプリが数多く存在します。

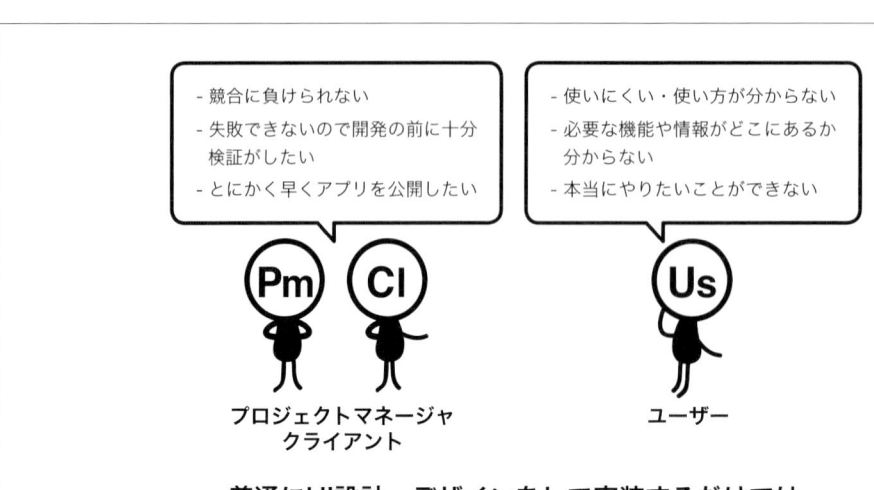

図1.3 開発環境をとりまく状況

開発がうまくいかない原因

　プロダクト開発に失敗する原因は何なのでしょうか。「このユーザーインターフェース（以下 UI）は本当に使いやすいのか？」、開発の初期フェーズでは十分な検証が難しいからです。検証不足はクオリティの低下だけではなく、開発スピードの低下やコストの増加にも繋がります。

　まずは、具体的な問題点を見ていきましょう。実際の開発現場では、インフォメーションアーキテクト（以下 IA）やシステムエンジニア（以下 SE）、UI デザイナーなど、設計担当者の既存知識と経験に基づき UI 設計書やデザインカンプが作成され、それを基に実装するというフローがあります。しかし、こうしたケースでは、次に説明する問題が発生しがちです。

●完成品をイメージしにくい

　Web サービスやスマートフォンアプリ開発では、実際に触ってみないと分からない使い勝手や細かいインタラクションなど、遷移図を作成するだけでは表現できない情報が数多く存在します。

　例えば、プロダクトの設計レビューは、UI 設計書やデザインカンプなど一定サイズの台紙にまとめられた情報を、パソコンのモニタ上もしくは紙への出力で確認する形式で実施される場合がほとんどです。しかし、ブラウザやスマートフォン端末など、実際の利用状況におけるレイアウトやサイズ感、ボタン押下時の画面遷移の動き、インタラクションなど、「プロダクトを触った感覚」が伝わりません。残念ながら、設計書やデザインカンプのみをベースにプロダクトを開発すると、設計段階で開発に必要な多くの情報が抜け落ちてしまいます。

●ドキュメントだけでは正確な評価ができない

　上記の情報の抜け落ちに加えて、仕様書や設計書などドキュメントのみでは、プロダクトを正確に評価・理解することはできません。プロダクトの仕様をドキュメントだけにまとめると、限られたスペースに静止状態の情報のみとなります。Web サイトやアプリでの実際の動きを、言葉や図、矢印だけで説明しても、正確に伝えることはできません。

●仮説から検証なしに最終実装に入る

　ウォーターフォールモデルでの開発では、UI 設計時に「こうすれば使いやすいはず」という仮説を立てても、検証せずにいきなり実装に入ります。そのため評価と検品が開発フローの最後になり、その段階で使い勝手が悪くても手戻りに時間を要します。「本当に使いやすい UI」であるかを検証するフェーズがないのでは、うまくいかないのは当然です。

●設計書の修正に時間が掛かる

　UI 設計書やデザインカンプベースで開発を進める場合、1人または少人数の設計チームが一定

の段階まで設計書を作成した状態で、チームメンバーやクライアントがレビューします。そのため、プロダクトコンセプトの認識のズレから生じる実装機能の優先順位の違いや、要件漏れによる機能不足、仕様の矛盾などの問題があった場合でも気付かずに、そのまま設計が進んでしまうことが多々あります。ある程度設計が進んだ時点で問題が発覚すると、ドキュメントとして記載されている箇所の修正にはかなりの時間を要することになります。

● **実装後の修正はロスが大きい**

　設計書ベースの開発では、具体的なプロダクトの動きがイメージできず、チームメンバー内での認識が曖昧になりがちです。特に実装を担当するエンジニアと認識が共有できず、実装後に修正となった場合は、かなりのロスが発生します。例えば、クライアントが想定するインタラクションを設計者がドキュメントで表現できなかった場合、必要な情報は実装するエンジニアに正確に伝わりません。そのため、実装の可否や難易度、要する時間を設計フェーズで正確に判断できず、問題点が後々の実装フェーズで発覚することになります。その結果、想定外の手戻りが発生し、当初のスケジュール以上に実装に時間を要することになります。

　また、プロダクトの使い勝手は実際に触ってみないと評価できません。しかし、完成したプロダクトを触って使いにくいことが判明しても、実装後では修正にかなりの時間が掛かります。最悪のケースでは、明らかな欠点を残したまま公開され、ユーザーの評価は低く、使われないプロダクトと化してしまうケースもあります。

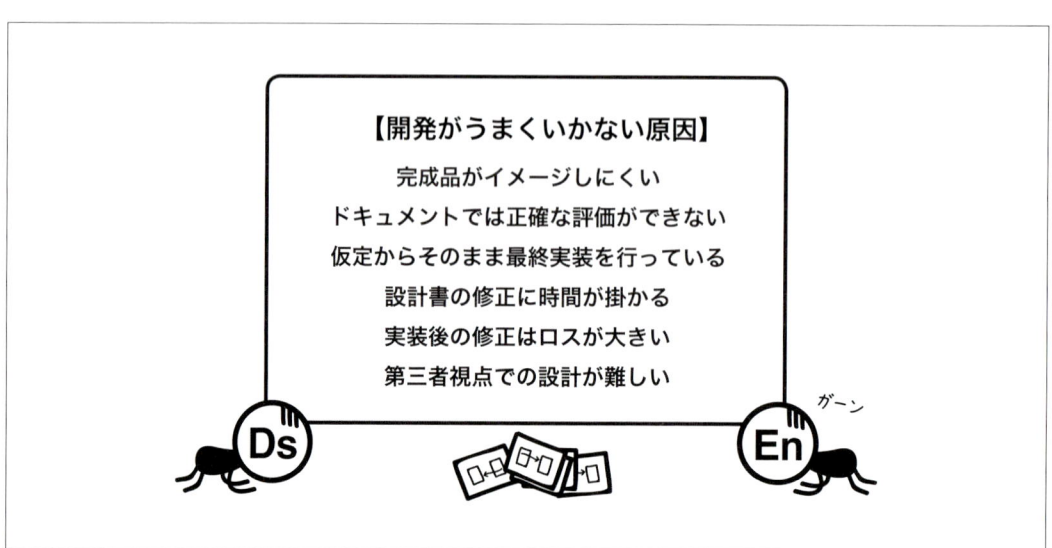

図 1.4 UI 設計書、デザインカンプベースで開発する場合の問題点

● 第三者的な視点で設計することが難しい

　設計担当者は、プロダクトのコンセプトや機能要件など詳細を把握した上で、自ら設計・デザインしています。しかし、初めてプロダクトに触れるユーザーは、大まかに何をするためのプロダクトであるかは把握していても、実際に使い始めるまではどのような機能があるかよく分かっていません。仮に愛用しているプロダクトであっても、細かい機能まですべて把握しているユーザーは稀です。残念ながら、設計担当者はこの事実を見逃していることが多々あります。

　そのため、プロダクトが完成しても、設計者が想定しているほどユーザーはスムーズに機能を使ったり必要な情報を見つけることができず、結果として、使いにくいプロダクトと評価されてしまうことになります。

　これまでは、IAやSE、UIデザイナーといった設計担当者がWebサイトやスマートフォンアプリのUI設計書やデザイン画面を作成し、それを基に開発するだけでも良かったかもしれません。しかし、Webやアプリは既に多様化し、市場も成熟し飽和状態となりつつある現状では、プロダクトはもう一段上のクオリティが求められます。

　こうした状況を打破すべく、「より優れた」プロダクトを「より早く」公開するための手法の1つとして、プロトタイピングへの注目が高まっています。

1-1-3　プロトタイピングのメリット

　実際にプロトタイピングを行うことで、前述の問題は解消されるのでしょうか。プロトタイピングには、次に挙げるメリットがあります。

● 実際のプロダクトに近いものを確認できる

　実際に完成したプロダクトを触るのに近い状態で、確認・レビューが可能です。

　例えば、スマートフォンアプリの場合、描き上げたプロトタイプを実機に入れることで実物大でレイアウトやサイズ感を確認できます。

　また、個々の画面をリンクさせ、インタラクションまで表現することで、各画面の関係や画面遷移など、より具体的なイメージを伝えることが可能となります。それにより、UI設計やデザイン上の問題点を開発の初期段階で発見することが可能になります。

● ドキュメントではなくプロダクトとして評価できる

　設計アイデアをより実際のプロダクトに近い形で評価できます。

Chapter 01

　ドキュメントでは理解されず曖昧に伝わってしまう情報も、プロトタイプを通じて共有することで、開発チームにプロダクト像としてより正確に伝えることができます。開発の早い段階でUI設計からレイアウト、遷移、インタラクションといったさまざまな側面を組み合わせて、総合的に検討することができます。

●開発初期フェーズでプロダクトの使い勝手を検証できる

　プロトタイプを作成することで、開発フローの初期段階である設計フェーズでも評価と検品を行うことができます。設計者が「使いやすい」と仮定して作成したUIが、本当に使いやすいのかを検証することが可能になります。早い段階で何度もレビューと改善を繰り返し、プロダクトをブラッシュアップしていくことができます。

●設計の修正や追加、変更に時間が掛からない

　設計段階で作成する低精度プロトタイプは、紙の上にUIを手書きしたペーパープロトタイプや、プロトタイプ作成専用ツールを使って作成する動作モックです。ソフトウェアとしてコーディングされているわけではありません。そのため、低精度プロトタイプは柔軟性が高く、設計の修正や追加、変更に時間は掛かりません。

　特にペーパープロトタイピングはプロダクト設計を手書きで可視化するため、検証の場で素早く調整・修正ができ、さまざまなアイデアを即座に反映することが可能です。初期段階でより多くのパターンを検証し、失敗を重ねてブラッシュアップすることで、プロダクトの完成度を高めていくことができます。

●手戻りを削減できる

　設計フェーズでプロトタイプを作成することで、開発の早期段階でチーム全体に実際のプロダクトに近いイメージを共有できます。設計レビューで完成品に近いプロトタイプを操作してシミュレーションを行うことで、実装前にプロダクトの問題点を洗い出すことができ、実装フェーズでの手戻り削減に繋がります。

　また、プロダクトのコンセプトからビジネス上の重要事項、UIやインタラクションの実装コストなど、総合的な意見を交えることで、メンバー間におけるコンセプトの認識違いを回避できます。機能漏れ、実装可否や実装に要する時間の見積ミスなども防ぐことができます。

●設計段階で第三者からのフィードバックを得られる

　プロトタイピングでは、設計者がプロジェクトマネージャ、クライアント、UIデザイナー、エンジニアなど、さまざまな立場の人間とプロトタイプを操作しながら、プロダクトのフローを確認、

検討します。そのため、チーム全体から早い段階で具体的なフィードバックを収集できます。

　また、プロジェクトの概要を知らされていない第三者にプロトタイプを触ってもらうことで、先入観にとらわれない、より本質的な問題や潜在ニーズの発見も可能です。

　上記の通り、プロトタイピングを実施することで、設計書とデザインカンプベースの開発で発生する問題をカバーできます。加えて、次に挙げるメリットもあります。

●見落としを見つけやすい

　書類の段階では羅列だった機能が、プロトタイプでは実際に画面に落とし込まれます。落とし込んだ画面を一度操作すれば、見落としていた機能や画面遷移、論理矛盾を簡単に発見できます。

●開発に不慣れな人間でもすぐに仕様を理解できる

　経営者やマーケティング、営業部門の人間にとっては、数多くの専門用語が用いられ、複雑に遷移矢印が記載されている仕様書のみでは、製品を明確に理解することは困難です。

　しかし、プロトタイプであれば、実際のプロダクトを使用するのと同じ感覚でその機能や遷移などの仕様をなぞることが可能です。そのため、プロダクト開発に不慣れな人間でも、比較的スムーズに仕様や構成を理解できます。

●多様なパターンを検証、反復できる

　手早く作成、修正できるため、多くのUIパターンを検証することができ、初期設計での改良の機会を多く持つことが可能です。そのため、Plan（計画）→ Do（実行）→ Check（検証）→ Action（改善）のPDCAサイクルをスピーディーに反復できます。

　また、多数の構成や組み合わせで何度も検証することができるので、最適なソリューションの発見と品質の向上が期待できます。

●低コストで多くのフィードバックを得られる

　ソフトウェアとしてコーディングするわけではないので、プログラミングの専門知識は必要ありません。また端末や専用の機材も不要（動作モックを作成する場合は必要）なので、時間や費用を掛けずに導入することが可能です。

　専門的な技術や設備が不要なので低コストで導入でき、多くのフィードバックを得ることができるコストパフォーマンスが高い手法と言えます。

●開発チームのコミュニケーションが活発化する

　プロトタイプを実際に触って操作することでプロダクトのイメージが膨らみ、より具体的な意見や疑問が出てくるようになります。ドキュメントベースでの開発よりもコミュニケーションが円滑になり、ディスカッションが活発化します。

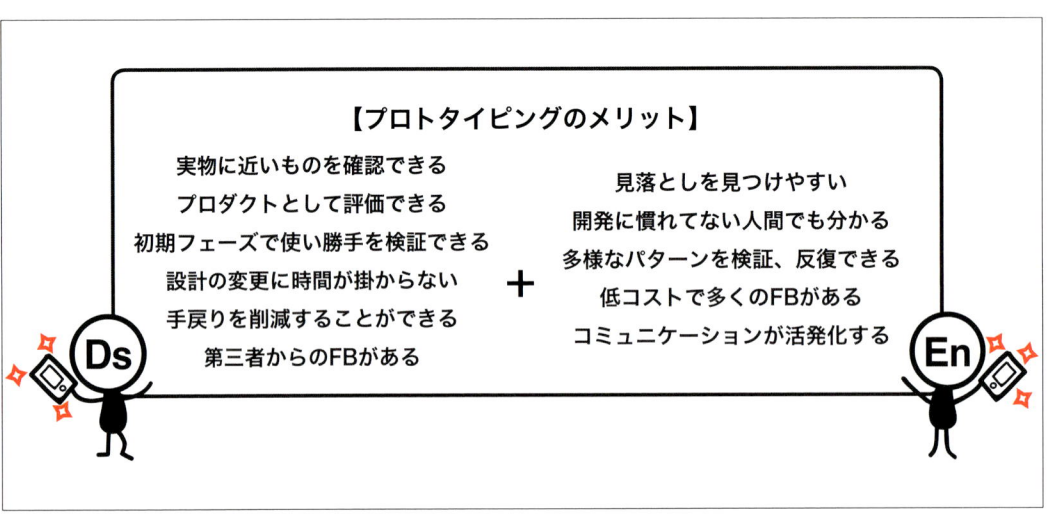

図 1.5 プロトタイピングを行うことで得られるメリット

　このようにプロトタイピングは導入コストが低く、開発時のリスクの削減やプロダクトの品質向上など、さまざまなメリットを得ることができます。

　もちろん、プロトタイピング導入によるデメリットもあります。その1つにプロトタイプ作成のための追加工数の発生が挙げられます。しかし、プロトタイピングにより短期間で精度の高い認識合わせを実施できるため、その後の手戻りを削減できます。制作コストが増えるとはいえ、フィードバックに対応する工数が減ることを考えると、大幅なコストアップにはなりません。むしろ、コスト削減と制作期間の短縮に繋がる場合もあります。また、プロトタイピング追加で必要となる工数は、回避できるリスクに比較するとかなり小さいと言えます。

　なお、いきなり全画面をプロトタイプとして作成する必要はありません。メインのフローや重要な機能、既にサービスを提供しているアプリでは、ユーザーの改善要望が多い箇所に限定するなど、部分的な導入でも十分効果はあります。

1-2 プロトタイピングの内容

　本節では、具体的なプロトタイピングとして、紙ベースのペーパープロトタイピングとツールを使ったプロトタイピングを解説します。まずはペーパープロトタイピングを説明します。

　ペーパープロトタイピングとは、アプリケーションやWebサイトといったプロダクト開発の際に、紙にインターフェースを手書きしてプロトタイプを作成し、インターフェースやデザインを検証する手法です。ソフトウェアを紙に書き起こし、UIを視覚的に表現することから、静的、物理的なプロトタイピングと言えます。

　画面レイアウトやUI要素、表示する情報を手書きで書き出していくため、ラフスケッチやワイヤーフレームと混同されますが、実際はまったく違う目的で使われます。ラフスケッチはアイデアを視覚化し、収集、精査するために使われます。その目的はあくまで多くのアイデアを素早く具体化することです。ワイヤーフレームは画面単位の機能や表示する情報、画面遷移などの各画面の関係を確認するためのドキュメントです。プロダクトの設計図や見取り図に相当し、実際の使い勝手を確かめることはできません。

図1.6 ペーパープロトタイピング

これらに対して、プロトタイプはプロダクトの使い勝手を確認するツールです。もちろん、設計や画面遷移の確認もできますが、実物の手触りや使いやすさを検証することが主たる目的です。なお、ペーパープロトタイピングの詳細フローは、「Chap.02 プロトタイピングのプロセス」（P.33参照）で解説します。

1-2-1　ペーパープロトタイピング

　ペーパープロトタイピングは、主にプロダクトのコンセプトを確認したり、フローや機能分析、使いやすさなどを検証し、意思決定を促すツールとして使われます。プロダクト内の画面を複数作成し、開発チームやユーザーとレビューしたりテストすることで、機能はもちろん、フローや使い勝手を確認し共有します。

　また、ユーザーレビューにも用いられます。ユーザー役が口頭や手振りなどで紙のプロダクトを操作し、それに対して設計者などのコンピュータ役が反応して、操作結果を示します。このような流れで、設計を開発チームやユーザー役の第三者と確認できるので、手書きでもプロトタイプとして十分に効果を上げることができます。

ペーパープロトタイピングのメリット

　ペーパープロトタイピングには、紙に手書きでプロトタイプを作成するからこその利点があります。以下にその利点を挙げましょう。

●手軽に素早く作成できる

　プロダクト設計を手書きで可視化するペーパープロトタイピングの性質上、さまざまなアイデアを即座に展開することができます。手書きなので、微調整や修正もスピーディーに反映できます。

　また、基本的には紙とペンがあれば作成できるため、低コストで導入が可能です。準備に時間が掛からず、その気になれば手元にあるもののみで開始できます。

●柔軟性が高い

　開発メンバー間でのレビューも、フィードバックをその場ですぐに反映できるため、修正と再レビューを容易に繰り返すことができ、手早く設計を改善することが可能です。抜け落ちている画面や要素があればその場で追加し、インターフェースが分かりにくければその場で変更できます。このフットワークの軽さがペーパープロトタイピングの強みです。

● みんなで作ることができる

　ペーパープロトタイプの図は、絵が苦手でも書くことができます。また、プログラミングやソフトウェアの使い方など、特殊なスキルや知識も不要です。特殊技能がいらないため、デザイナーやエンジニアだけでなく、プロジェクトメンバー全員で協力しながら作成し、最終ビジョンを共有することが容易です。したがって、比較的導入のハードルが低い手法とも言えます。

ペーパープロトタイピングで押さえるべきポイント

● スピード感と精度のバランスを保つ

　ペーパープロトタイピングでは、基本的にスピードを重視します。本来であれば数分で十分な作業に、見た目や細部にこだわるために数時間を要しては本末転倒です。

　しかし、最低限確認できるレベルは必要です。細部にこだわる必要はありませんが、見やすいように工夫し丁寧に作りましょう。また、手書きとは言え、詳細な要求に基づいた情報設計や複雑な画面のUIの作成には時間が掛かります。もちろん、単純に速ければ良いわけでもありません。スピードと精度のバランスを考慮して作成するよう心掛けましょう。

● 仮説、問題点ごとに分割し複数案を考える

　実装予定の全画面や機能を1つのプロトタイプに組み込む必要はありません。巨大なプロトタイプではなく、「ログイン」や「投稿」など機能ごとの小さいプロトタイプを作成しましょう。

　問題を分割し、1つ1つのプロトタイプを検証することが、より問題の本質に特化した解決策を打ち出すことができるからです。検証と比較はプロトタイプの両輪と言えます。

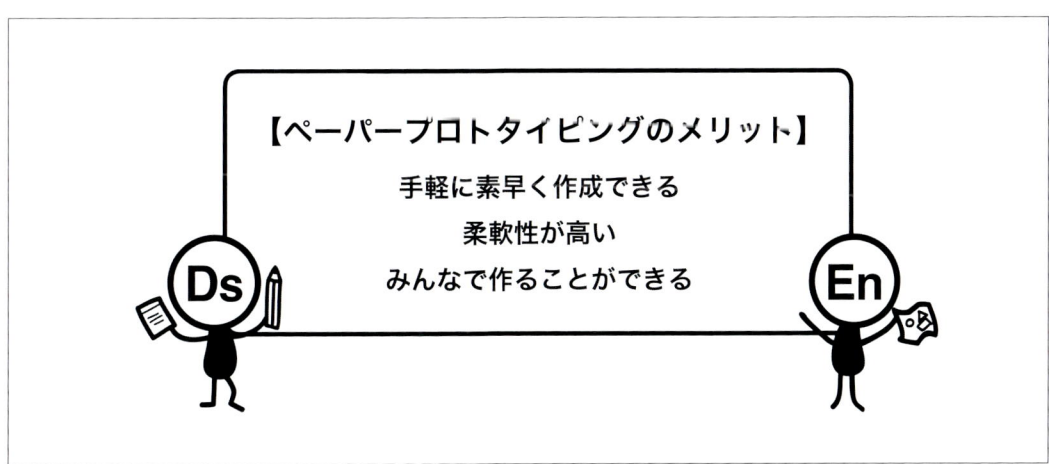

図1.7 ペーパープロトタイピングのメリット

●見た目を作り込まない

　ペーパープロトタイプは見た目が荒くて未完成品に見える分、より自由なフィードバックが期待できます。そのため、ビジュアル要素は作り込まないようにすべきです。見た目が仕上がっていないおかげで、レビューする側も画面構成やUIに変更の余地があると受け取るからです。逆に、見た目がきっちりと完成していると、変更できない（しにくい）と判断され、自由な意見を引き出すことが難しくなります。

●手書きにこだわらない

　「紙にインターフェースを手書きして作成」と解説していますが、手書きにこだわる必要はありません。プロトタイピングの目的は、荒くても良いので手早くプロトタイプを作成し、スピーディーかつ柔軟に変更、修正を加えて設計を詰めていくことです。そのため、手書きよりも「Photoshop」や「Illustrator」などの描画ソフトで作成して出力した方が速いのであれば、デジタルツールも活用するべきです。

●紙の上に手書きしたものなので反応しない

　当然ですが、「紙」なのでボタンを押下しても反応しません。使い勝手を検証する場合は、コンピュータ役がユーザーのアクションに応じて紙を動かすなど、ナビゲーションの必要があります。このデメリットは次項で紹介するツールを使ったプロトタイピングでカバーできます。

1-2-2　ツールを使ったプロトタイピング

　ツールを使ったプロトタイピングとは、ペーパープロトタイプやデザインカンプをベースに動作モックを作成し、実際のプロダクトを触るのに近い形で使い勝手やインタラクティブを確認する手法です。Webサービスやアプリを使用し、シナリオや画面フローに合わせて画面の順番を組み立て、タップできる範囲を指定して遷移させたり、簡単なインタラクションを作成します。そのため、ツールを使ったプロトタイピングは、ペーパープロトタイピングに対して動的でデジタルなプロトタイピングと言えます。

　もっとも、ツールを使ったプロトタイピングと言っても、紙に手書きした画面をスキャンして取り込みフローを設定しただけの、ペーパープロトタイプの単なるデジタル版から、デザインカンプレベルの画面を使った完成品に近い見た目の動作モックまで、そのクオリティはさまざまです。プロトタイプをどこまで作り込むかは、要件やインターフェースの使い勝手の確認、ビジュアル設計のレビューなど、プロトタイピングの目的によって変わります。

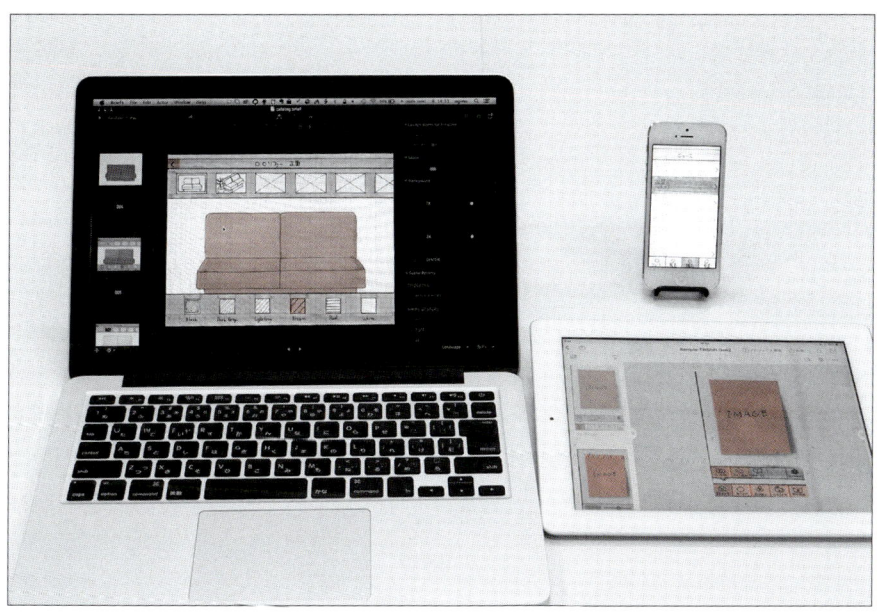

図1.8 ツールを使ったプロトタイピング

ツールを使ったプロトタイピングの目的

画面構成やタスクフローなど仕様の理解、UIの使い勝手やインタラクションの確認、見た目のデザインのレビューと、幅広い目的で使われます。ペーパープロトタイピングと違い、実物に近い動きを表現できることから、特にボタンの押しやすさやそのインタラクションなど、実際に実機を触って操作した際の使い勝手などが、確認の主な目的となります。

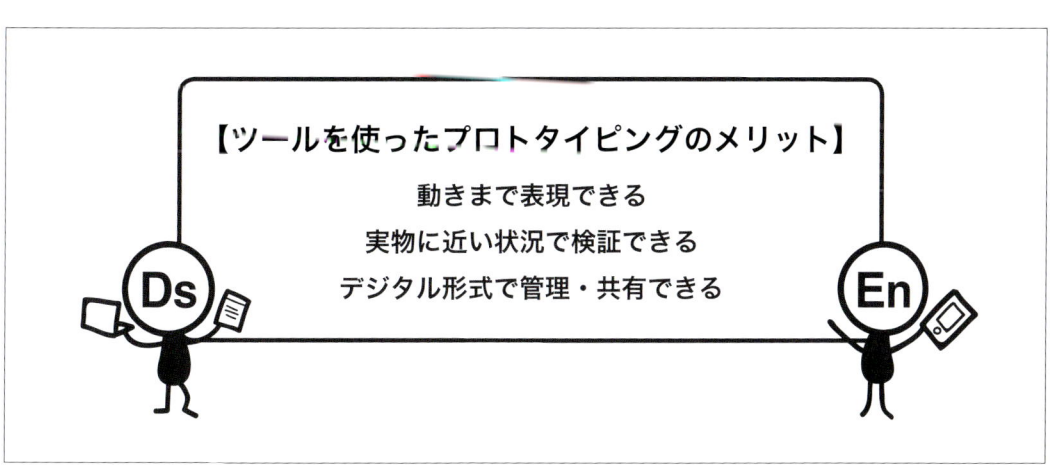

図1.9 ツールを使ったプロトタイピングのメリット

ツールを使ったプロトタイピングのメリット

　ツールを使ったプロトタイピングには、ペーパープロトタイプでは得られない、次に挙げるメリットがあります。

●動きを表現できる

　動きを表現できるため、具体的で完成品に近いプロトタイプが作成できます。ペーパープロトタイプと組み合わせることで、実際には動作しない「紙」のデメリットもカバーできます。

●実物に近い状況で検証できる

　実機上で動くモックを使用するため、より完成品に近い状況で検証できます。実際のアプリに近い感覚で手触りや遷移、レイアウト、サイズ感、操作性などを確認することが可能です。

●デジタル形式で管理・共有できる

　Webサイト上のモックやアプリのファイルとして作成されるので、比較的簡単に管理、共有できます。ただし、使用ツールによって共有方法が異なる、もしくは共有できない場合もあります。

ツールを使ったプロトタイピングのデメリット

　しかし、ペーパープロトタイピングとは違い、デメリットとも言えるポイントや注意点もいくつかあります。

●メンバー全員で作成できない

　端末上もしくはパソコン上のソフトウェアを使用するケースがほとんどのため、基本的に制作者1人での作業になります。もちろん、成果物である動作モックはチームメンバー全員で確認できますが、作成プロセスを通して複数メンバー間での仕様検討や意識共有は困難です。

●柔軟性に欠ける

　紙のようにミーティングの場で切ったり貼ったりができないため、プログラムで実装するほどではないにせよ、ペーパープロトタイプと比べると固定的で柔軟性に欠けます。その場で柔軟に変更するなど流動的な対応は困難なため、初期段階での認識合わせや情報共有は、ペーパープロトタイピングの方がより多くの結果が得られます。

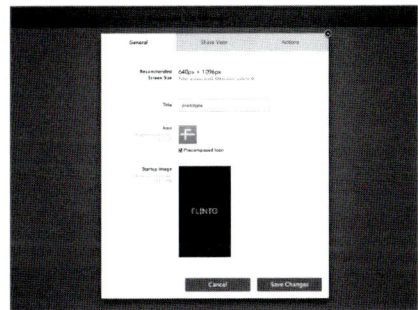
プロトタイプ作成Webサービス（Flinto）

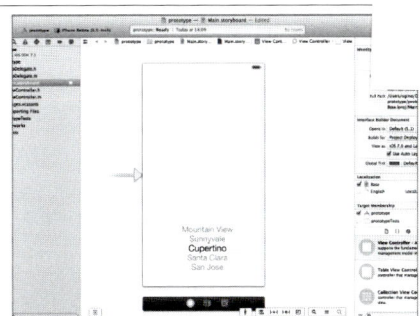
コーディング用アプリ（Xcode）

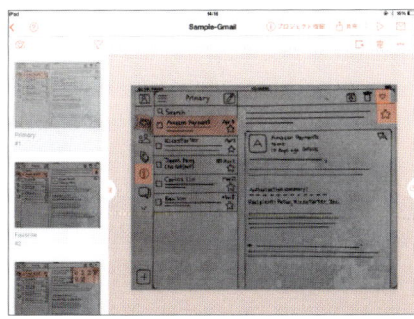
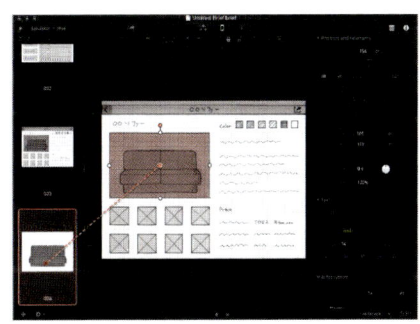
プロトタイプ作成アプリ（POP、Briefs）

図1.10 ツールの種類

● 割高なコスト

　ツール自体に習熟が必要となるため、ペーパープロトタイピングと比較すると時間や手間が掛かります。もっとも、プロトタイプ作成用アプリケーションやWebサービスを利用することで、ペーパープロトタイピングほどの柔軟性はなくとも、通常のプログラミングより手軽に調整や変更することが可能です。

　上記の通り、ペーパープロトタイピングと比較すると、ツールを使ったプロトタイピングだけではカバーできない点がいくつかあります。したがって、動作モック単独ではなく、ペーパープロトタイピングと組み合わせることが、より効果的と言えます。

ツールの種類

　プロトタイプ作成には、WebサービスやHTML、StoryboardやAndroid Studioなどのコーディング用ソフト、「POP」や「Briefs」などのプロトタイプ作成アプリなど、さまざまなツー

ルが利用できます。当然ながら、必要なコストや作成できる動作モックのクオリティ、制作者に求められるスキルはツールによって異なります。

1-2-3　良いプロトタイプ、悪いプロトタイプ

本節ではプロトタイピングの概要やメリットを紹介していますが、単純にプロトタイプを作成すればプロダクト開発がスムーズに進み、必ず成功するわけではありません。プロトタイプにも良し悪しがあります。では、良いプロトタイプとはどのようなものなのでしょうか。

●早期に設計の検証が可能

プロトタイピングの役目は、開発初期段階でのリスクの最小化です。そのため、要件定義やUI設計の段階で何度もプロトタイプを作成し、検証・改善を繰り返していくことが理想的なプロトタイピングです。

プロトタイプを作成・検証することで、初期段階でプロダクトの善し悪しを評価できます。特にペーパープロトタイプに代表される低精度プロトタイプに求められることは、開発の初期段階

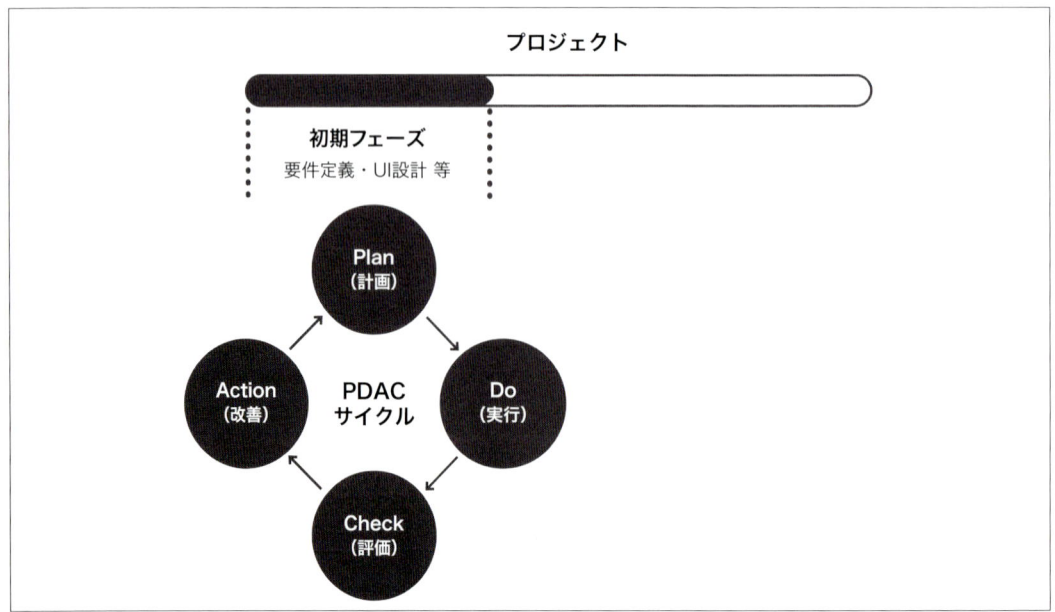

図 1.11 早期の設計検証

でトライ&エラーを繰り返し、重要な部分を何度も検証して精度を上げることです。

つまり、プロトタイピングの強みの1つはフットワークの軽さと言えます。コアコンセプトを決めたら、初期段階でPlan→Do→Check→ActionのPDCAサイクルをスピーディーに回し、可能性をつぶさに当たりましょう。

● 問題を分割できる

1つのプロダクトには複数の機能や課題が存在します。プロダクトの機能や課題それぞれに、個別のプロトタイプを作成できることも、プロトタイピングの効果的なポイントと言えます。

問題を細分化して課題ごとに複数のプロトタイプを作成、または細分化した機能や課題それぞれに複数案のプロトタイプを作成しましょう。例えば、プロダクトの1つの機能にいくつか問題がある場合、まずは1つの課題だけを抽出し、A案、B案、C案などと解決策となり得る複数の案を出します。同様にその他の問題も課題を細分化し、それぞれに対して複数の解決案を考えましょう。全機能を含んだプロトタイプを作成する必要はありません。

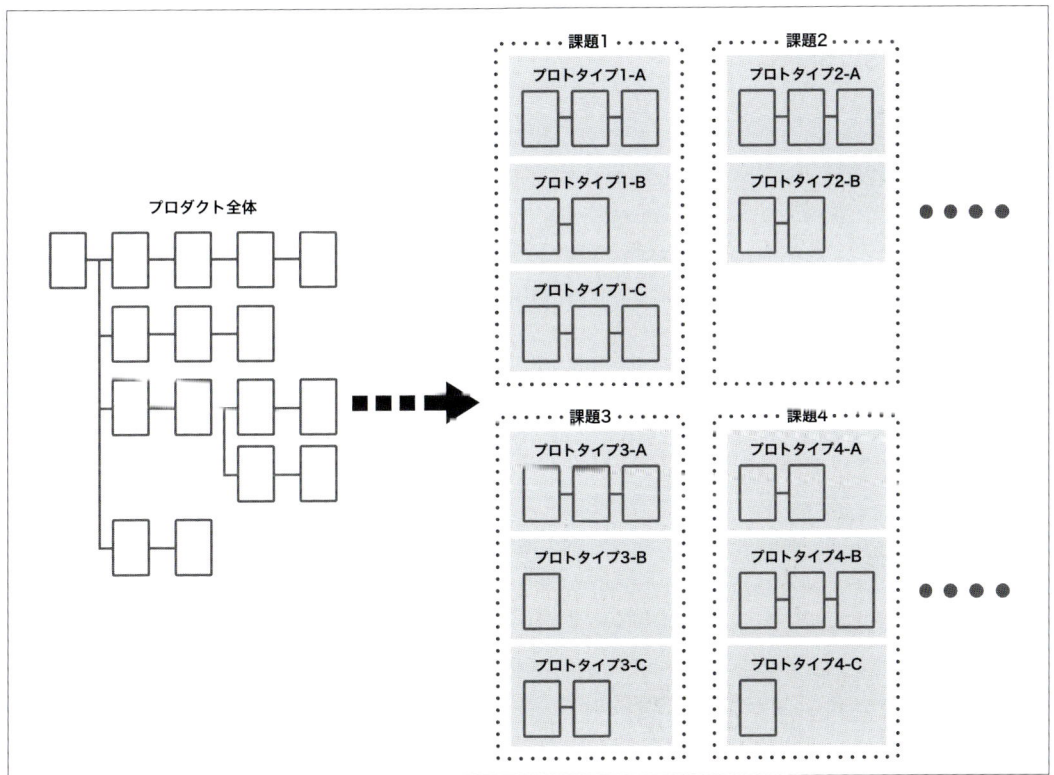

図 1.12 プロトタイプ分割

また、凝ったものを1案ではなく、荒い案を複数考えるように心掛けましょう。重要な部分を何度も検証して精度を向上させることがプロトタイピングの目的です。そのためには、問題の細分化と複数アプローチは欠かすことはできません。手短に複数のアプローチを試みて、長所短所を比較してベストを模索しましょう。

● **本質に特化している**

プロトタイプは、シンプルに問題の本質のみにフォーカスすることが重要です。特に低精度プロトタイピングでは、UI上の問題を早期に発見することとその解決に注力すべきです。そのため、プロダクトの本質と密接に関係していない、細かいビジュアルデザインや複雑な操作や動きなど細部はノイズとなります。ビジュアルデザインやアニメーションを細部まで作り込んでしまうと、本質ではなく、細かい見た目や動きに目が行ってしまいます。

例えば、下の図では、プロダクトの最終形としては右図レベルのデザインが必要です。しかし、本質であるUIの使い勝手を検討するのであれば、左図レベルで十分です。右図レベルまでデザインが整っていると、アイコンや配色などビジュアルデザインを検討したくなります。そうすると、本来検討すべき本質に注力できなくなります。整ったデザインは、UIの使い勝手を検討する段階ではむしろ邪魔な存在と言えます。

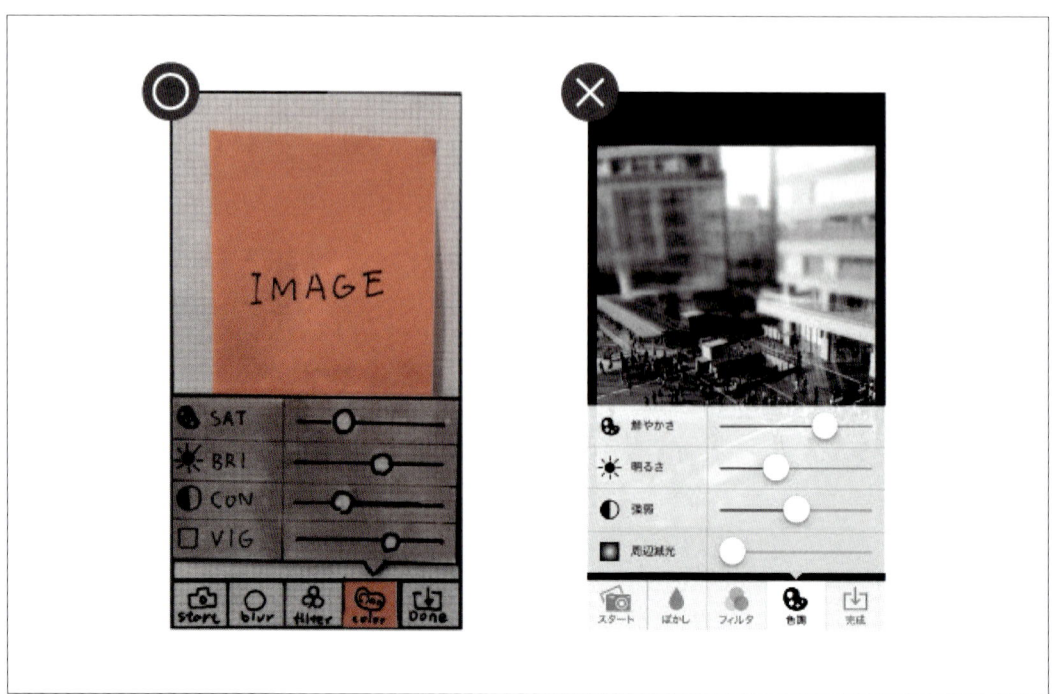

図1.13 本質に特化

悪いプロトタイプ

次に、好ましくないプロトタイピング、アンチプロトタイピングのポイントを紹介します。

●一球入魂

全機能や画面を1つにまとめた、完成形に近いプロトタイプを作ってはいけません。課題ごとに切り分けていないと、1つ1つの問題に対する検討に集中できないからです。また、複数案を比較できないと、どの解決策がベストなのか検証もできません。高速なPDCAのためにも、必ず問題を細分化し、さらに個々の課題に対して複数のプロトタイプを作成するようにしましょう。

●モニタ上で作業が完結している

プロトタイピングは、みんなで参加してビジョンを共有するところに価値があります。いきなり「POP」や「Briefs」、「Adobe Flash」、「Xcode」などを利用して作成すると、チーム全体で共同作業することができません。特別なツールは使わず、まずは紙やペンなど、身の回りにある物を使ってプロトタイピングを行いましょう。

●スーパーゴージャス

装飾としてのデザインや動き（アニメーション）に凝って作成されたプロトタイプも悪い例の1つです。プロダクトの本質とは関係ない箇所は、プロトタイプで検証する必要はありません。

プロトタイプで複雑な操作や動きを再現する必要があるのは、プロダクトの本質に根強く関わっている場合のみです。プロダクトの本質とそれらが密結合してるケース以外では、ほかの場所にコストを払いましょう。

効果的なプロトタイプ作成のポイントを外すと、作成しても意味がなく、時間の無駄にしかならないため注意しましょう。

1-3 コンペのためのプロトタイピング

　前節では開発フェーズの一部としてのプロトタイピングを紹介しました。しかし、企画提案の時点でも、「POP」や「Briefs」などのプロトタイピングツールを利用して作成した動作モックを効果的に活用することが可能です。

　特にコンペ案件でツールを使ったプロトタイプを作成することは、競合他社に対する大きなアドバンテージになります。企画提案時にドキュメントとデザイン案（静止画像）だけではなく、動作モックが用意できていることは、クライアントの印象が大きく違うからです。本節では、コンペのためのプロトタイプ活用法をご紹介します。

1-3-1　提案フェーズでのメリット

　デザイン画面はあくまで静止画像です。実際に手で触って操作できる点で、動作モックはデザイン画面に対して大きなアドバンテージを持ちます。企画提案時に、デザイン案だけではなく、動くプロトタイプも併せて用意することで、次に述べる価値をクライアントに提供できます。

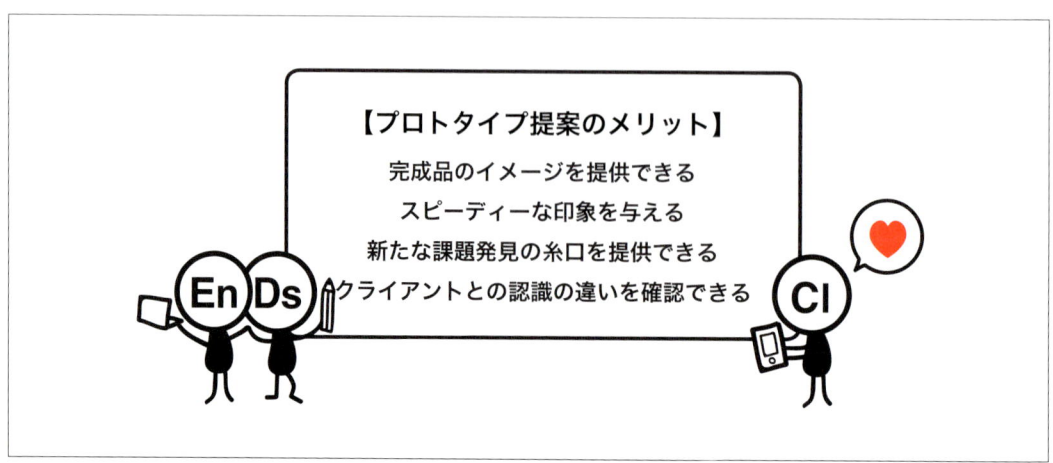

図1.14 プロトタイプ提案のメリット

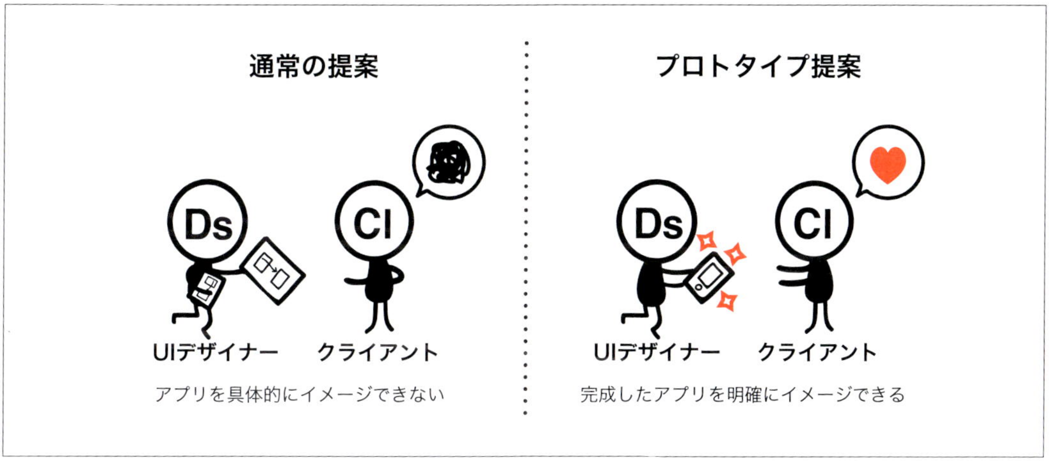

図 1.15 完成イメージのインパクト

● 完成品のイメージを提供できる

　企画提案時にプロトタイプを見せることで、クライアントに完成品のイメージを提供することが可能です。企画提案書とデザイン案を提出するだけの提案では、何ページもの書類を確認するだけなので、プロダクトの具体的なイメージが掴めずインタラクションも不明確です。

　動的なプロトタイプを提供して実機を触ってもらうと、静止画では伝わらない情報も直感的に理解されます。そのため、クライアントに与えるインパクトはかなり強いです。企画提案時に動くプロトタイプを提供することで、「画像」ではなく「アプリ」の印象をクライアントに与えることができるのです。

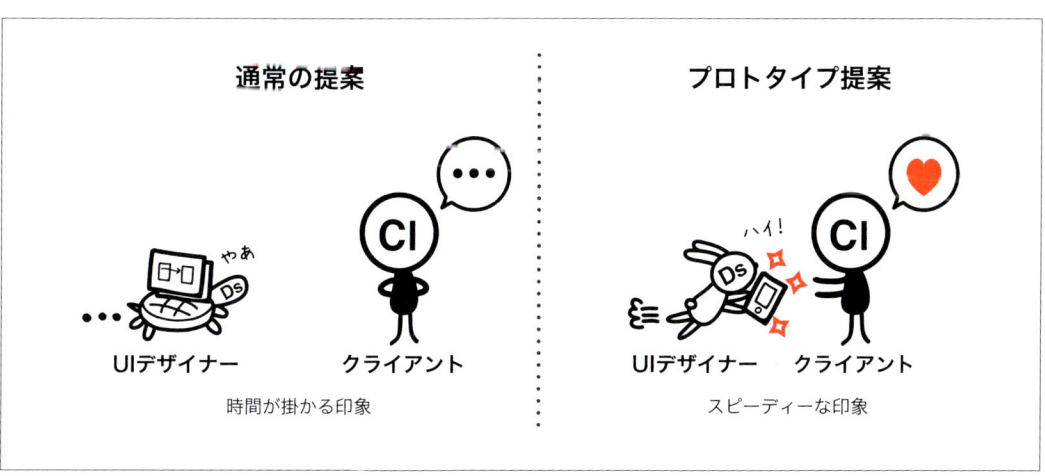

図 1.16 クライアントの印象

Chapter 01

● スピーディーな印象を与える

　動作モックを見せることで、クライアントにスピーディーな対応ができることを印象づけることができます。一般的に動作モックの作成には時間が掛かります。通常のプログラミングで動作モックを作成するには、デザイナーとエンジニアが連携して最低でも数日程度は必要です。

　しかし、プロトタイプ作成ツールを使うと、デザイナーのみで数時間～半日程度で動作モックを作成できます。急ぎの企画提案でも完成度の高いデザインと、実際に動作するモックアップを提出することで、クライアントの信頼を勝ち取ることができます。

● 新たな課題発見の糸口を提供できる

　プロトタイプは実際に操作できるので、新たな課題発見の糸口になります。

　静止画のみの提案では、クライアントはアプリを具体的にイメージできません。しかし、プロトタイプ提案では完成したアプリを明確にイメージすることが可能です。実際に動作するものを触ることで、機能の過不足や使い勝手など、静止画では分からない課題を見つけ出せます。

　これは、クライアントがこれまで想定していなかった課題の発見はもちろん、その解決策まで思考を広げる手助けにもなります。さらに、得られたフィードバックから、新たな課題を解決するための二次提案といった提案後のフォローを行うことで、特にコンペの場合は、競合との差を広げることができます。

● クライアントとの認識の違いを確認できる

　明確な完成イメージを共有することで、クライアントとの認識の違いを明確できます。

　プロトタイプを手元に企画提案を確認することで、実装前にクライアントが持つイメージを具

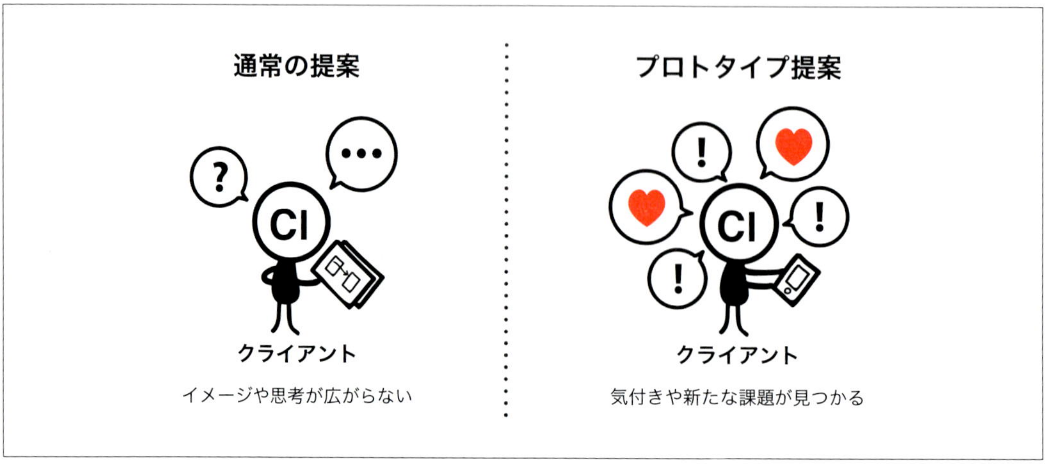

図1.17 クライアントの反応

通常の提案	プロトタイプ提案
 あれ？これってこういう遷移になるの？あとここのボタンやここの文字も思ってたよりも小さいなぁ...こことここを作り直してくれない？ クライアント	 うん、プロトタイプの通りの動きになってるし、見た目やレイアウトなんかもイメージ通り。このまま進めて早く公開しよう。 クライアント

図1.18 実装フェーズでの違い

体化、可視化して話し合うことができます。また、受託側が想定している完成品のイメージを、UIやレイアウト、動きを含めて発注前に提示することで、クライアントとの認識の違いを確認することもできます。要件の認識違いや見積、スケジュールのブレが減り、発注後のトラブルも回避できるので、より開発の精度が高まります。クライアントが提案フェーズでイメージした通りの完成度の高いアプリ開発が可能となります。

1-3-2　提案フェーズでのポイント

　提案フェーズでのプロトタイピングには、開発フェーズで実施するものとは異なったポイントがいくつかあります。

　まず、企画提案でプロトタイプを提出する場合は、画面数ではなくビジュアルデザインのクオリティを重視する必要があります。企画提案時では使い勝手の良し悪しのみではなく、ビジュアルを含めた「完成イメージ」をクライアントに明確に伝えることが重要となります。

　そのため、ペーパープロトタイプの荒い仕上がりをベースにしたものでは、あまり意味がありません。きっちりとビジュアルの仕上がった画面で動作モックを作成しましょう。また、あまり重要ではない画面も含めるのではなく、提案の主役となるメイン機能やフローのみに絞り込み、クライアントの意識を集中させると、より印象強く効果的な結果に繋がります。

　本節では企画提案時にプロトタイピングツールで作成した動作モックを提供する有用性を説明しましたが、ただ単純に動作モックを作れば良いというものではありません。重要なことはユーザーが使いやすいUIデザインを作り出すことです。

プロトタイプをクライアントに触ってもらって、それが使いにくいと感じさせる程度のものであれば逆効果です。そのため、ペーパープロトタイプで一度操作性を評価してから、「Photoshop」などのデザインツールでコンペ用のプロトタイプを作成するのがおすすめです。

さらに、「なぜそのようなUIデザインになっているか」を理論的に説明できなければ、せっかくのプロトタイプも意味がありません。ツールの力のみに頼るのではなく、UIデザインのスキルや知識、経験を磨く必要もあります。

ただし、プレゼンのためのプロトタイプにエネルギーをつぎ込み過ぎないように注意しましょう。プレゼンに気合いを入れ過ぎて、実際のプロダクト開発時にリソースがなくなってしまうのは本末転倒です。

まとめ

- UI設計書やデザインカンプベースでプロダクトを開発すると、実装が終わりに近づくまでプロダクトの使い勝手の良し悪しは分からない。

- 低精度プロトタイピングとは、設計フェーズの早期段階からプロダクトのモックを作成し、検証と改善を繰り返し、機能要件やUI設計、デザインを進めていく手法。

- ペーパープロトタイピングとは、紙にUIを手書きしてプロトタイプを作成し、その使い勝手を検証する手法。プロジェクトチームメンバーがプロダクトの機能やフロー、使いやすさを確認、共有し、またユーザーテストで使い勝手を検証することが目的。

- 課題や機能ごとに複数のペーパープロトタイプを作成し、またそれぞれの課題や機能に対しても複数の解決案を作成する。

- ペーパープロトタイプやデザインカンプを端末に取り込んで、実際に触ったら動作するインタラクティブなプロトタイプ（動作モック）を作成し、プロダクトの使い勝手を検証する。

- 動作モックを使って、ボタンの押しやすさやそのインタラクションといった、実際に手で実機を触って操作した時の使い勝手を確認する。

- 良いプロトタイプとは、開発初期段階で繰り返すことでリスクを最小化でき、問題を分割して複数アプローチを出して比較検討できる、問題の本質に特化したプロトタイプ。

- 企画提案やプレゼンの場でも、プロトタイピングツールを使って作成した動作モックは自社の提案をクライアントに印象づけるのに効果的。

Chapter 02

プロトタイピングのプロセス

Chapter 02

2-1 デザインプロセス

本章では、プロダクト開発における低精度プロトタイピングの流れを具体的に解説していきます。低精度プロトタイピングは開発フローのどのフェーズで実施すればよいのか、まずは、プロダクトの開発フローを見ていきましょう。

2-1-1 プロダクトの開発フロー

Web サイトやスマートフォンアプリなど、プロダクトの開発フローを確認しましょう。開発手法や環境、プロジェクトの規模など、さまざまな要因で細かい部分は変わりますが、基本的には、「企画」（調査、企画、要件定義、UX デザイン）、「デザイン」（UI 設計、画面デザイン）、「実装」（プログラミング、テスト）、「公開」（公開・納品）の流れで進みます。

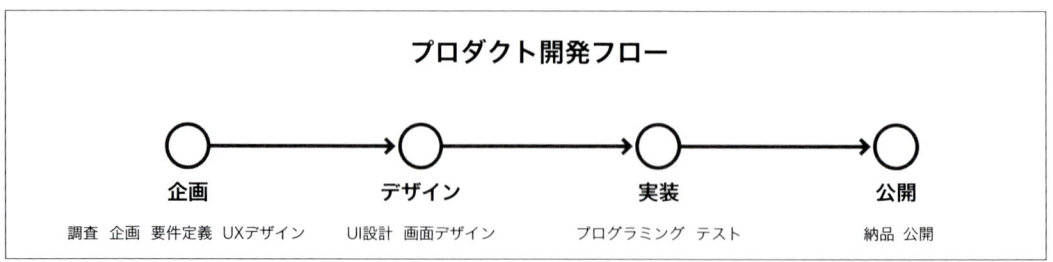

図 2.1 プロダクト開発フロー

次に、開発フロー内の各フェーズで実施することを確認しましょう。

●企画

企画フェーズでは、プロダクトに関する調査や、なぜそのプロダクトを作るのか、どのようなユーザーがどのような利用シーンで使うのかなど、プロダクトの基本コンセプトとそれに合わせた要件定義や UX デザインを検討します。

● デザイン

デザインフェーズでは、UI 設計や画面のビジュアルデザインなど、外部設計や見た目を決める作業を行います。プロダクトの使い勝手が決まると言っても過言ではない、重要なフェーズです。

● 実装

実装フェーズでは、デザインフェーズで作成した UI 設計やデザインカンプに基づき、プロダクトをプログラミングしていきます。ここでの手戻りは大きなロスとなる場合がほとんどです。

● 公開

実装完了後、Web サイトやアプリストアにプロダクトを公開します。受託開発の場合は納品となるため、納品物一式を用意してクライアントに引き渡し、検収となります。

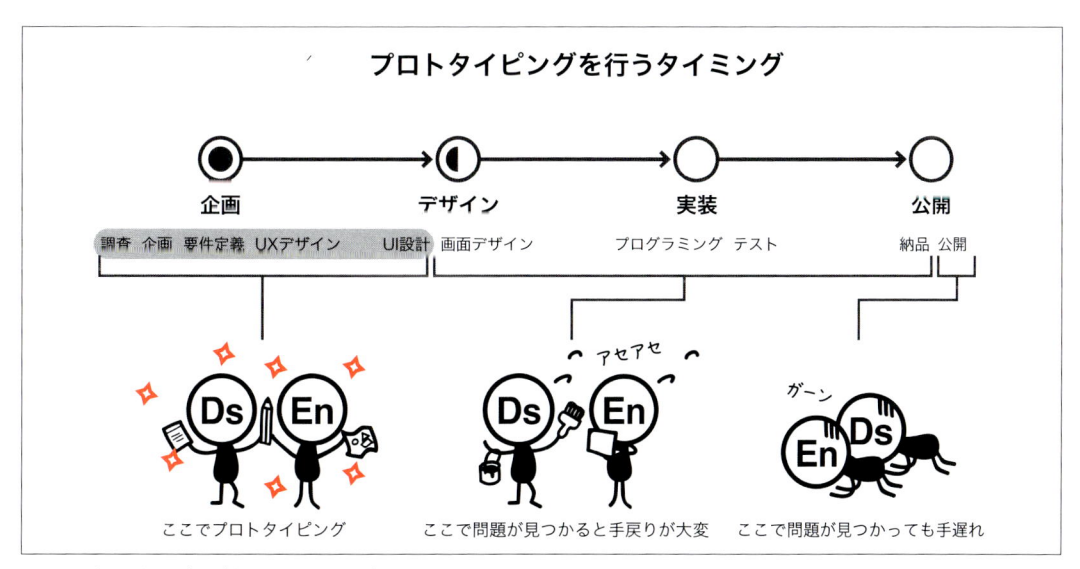

プロトタイピングを行うタイミング

プロトタイプの種類によりますが、本書で解説するペーパープロトタイピングをベースとした低精度プロトタイプ手法では、プロトタイピングは企画提案から UI 設計の後、画面のビジュアルデザイン前に行います。要件と UI 設計を固めるタイミングで行うことでコーディング前に実装後のイメージを明確にし、そこで使い勝手を検証することがプロトタイピングの目的だからです。実装フェーズで手戻りが発生したり、完成度の低いプロダクトを公開しないために、上流に近い段階で行うのがポイントです。

図 2.2 プロトタイピングを行うタイミング

また、プロトタイピングは設計者のみの仕事ではなく、チームやクライアントを含めたプロジェクト関係者全員で、さまざまな視点からソリューションを見つけるためにも行います。プロダクトの設計と、情報共有、認識共有のための手段としてプロトタイピングを実施するのです。

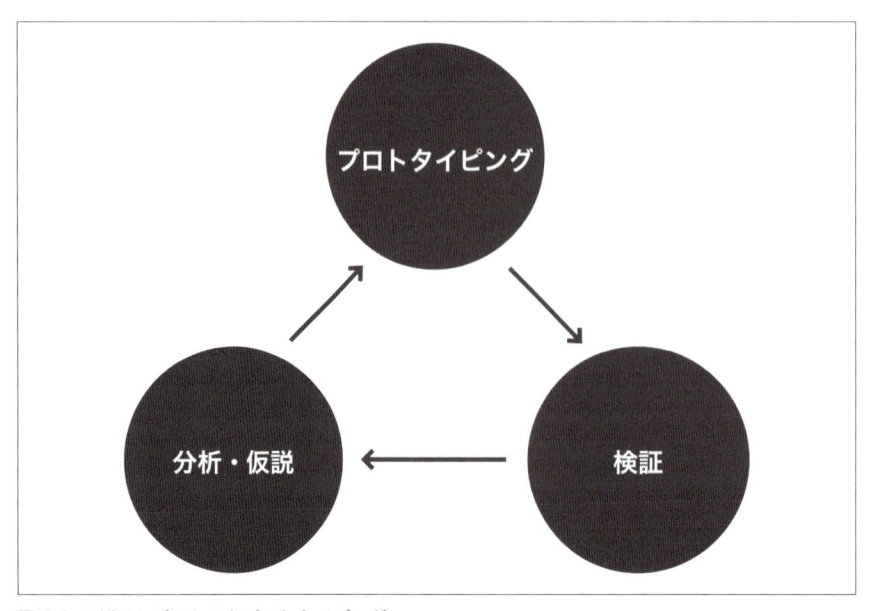

2-1-2　デザインプロセスとプロトタイピング

設計やデザインを行う場合、一般的には問題を洗い出してその解決策を考え、その結果に基づいて設計・デザインを行い、その解決策が機能しているのか検証します。検証で予想通りの結果が出ず芳しくなかった場合は、再度解決策を検討して改善します。

このデザインプロセスでプロトタイピングを実施する、すなわち、[分析・仮説] → [プロトタイピング] → [検証] を反復する循環的なフローを構成します。これで、「Plan」（分析・仮説）→「Do」（プロトタイピング）→「Check」（検証）→「Action」（改善）のPDCAサイクルを加速させることができます。本項では、[分析・仮説]、[プロトタイピング]、[検証]の各フェーズで実施する内容を確認しましょう。

図 2.3 デザインプロセスとプロトタイピング

分析・仮説＝情報収集・問題発見・解決策の仮説設定

　分析・仮説フェーズでは、ヒアリングや調査、観察などの情報収集やアイデアの集約、そこから仮説を立てていきます。プロトタイプ作成のための準備段階と言えます。次の（1）から（3）の流れになります。

(1) リサーチ

　デスクリサーチや利用者実態の観察、インタビューなどのフィールドワークによる情報収集を実施します。ユーザーがプロダクトに対して何を望むのかを集めていく段階です。

(2) ペルソナとユースケース、利用シーンの作成

　情報を精査、構造化し、問題点を整理します。整理された情報から、ペルソナとユースケース、利用シーンを作成し、問題点解決策の仮説を立てます。

(3) 要件定義

　アプリケーションに実装する機能やコンテンツなど、プロダクトの要件を定義します。

プロトタイピング＝問題解決案の具体化

　プロトタイピングフェーズでは、仮説に基づいて、プロダクトの構成やUI、インタラクションを組み立てていきます。実際にペーパープロトタイプや動作モックを作成するフェーズです。

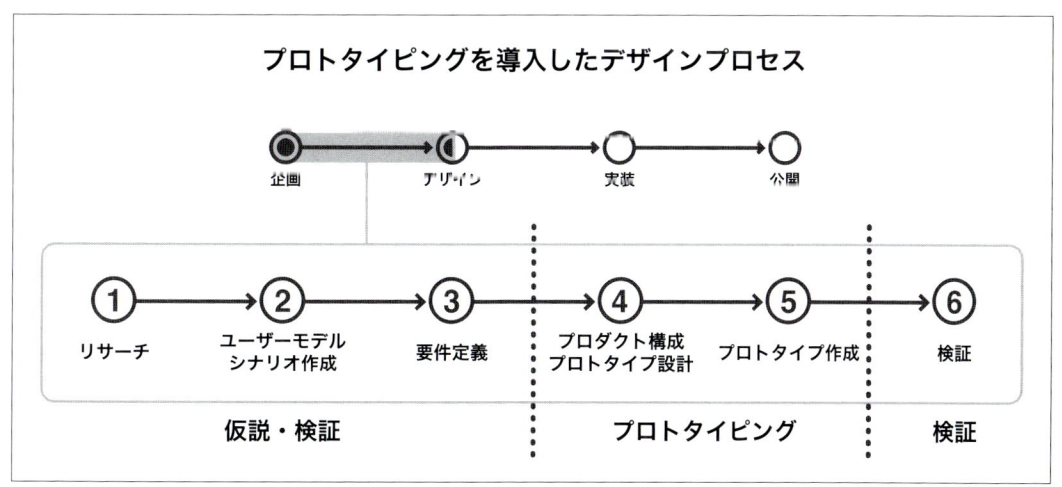

図2.4 プロトタイピングを導入したデザインプロセス

(4) プロトタイプ設計

(2)～(3)で組み立てた仮説、要件定義からどのようなプロトタイプにするかを検討します。

(5) プロトタイプ作成

(4)で決めた内容でプロトタイプを作成します。同時に、主要導線からユーザーのアクションとそれに対するフィードバックを検討し、インタラクションを設計します。

検証＝解決案の評価・問題点の抽出

検証フェーズでは、開発チームやクライアント、エンドユーザーで使い勝手をチェックします。

(6) 検証

プロジェクト関係者やクライアントを集めてレビューを実施します。必要であれば想定ユーザーを集めてユーザーレビューやユーザビリティテストを行い、問題や改善点を収集します。

プロトタイピングを導入したデザインプロセスでは、[分析・仮説]→[プロトタイピング]→[検証]の流れに沿って、問題が解決するまで上記の(1)から(6)を繰り返し実施します。

2-2 分析・仮説

ユーザーのニーズに応えるには、ユーザーがプロダクトに対して何を求めているのか、どのような状況で使うのか、何を達成したいのかなど、ユーザーのニーズを深く把握する必要があります。

せっかく新しいプロダクトを作っても、使い勝手が悪かったり、そもそもそれがユーザーに求められているものでなければ、ユーザーからは見向きもされません。ユーザーが気付いている・気付いていないに関わらず、求められているものや現状不便だと思われるポイントを探し、プロダクトで解消できることを目指します。

2-2-1 リサーチ

プロトタイピングの例として簡単な架空事例を考えてみましょう。本項ではiPhoneに最適化されたATMアプリの提案を課題に想定します。ここでは、主に以下の内容を調べます。

- 既存のATMの機能
- 既存のATMの不便
- どういう時に使うのか

リサーチ方法

プロダクト設計の担当者は、開発するプロダクトの分野に関して、一般的なユーザーよりも詳しく把握している必要があります。そのため、多くの有用な情報を短時間で効率的に収集することが重要です。ここでは2つの調査方法をご紹介します。

●デスクリサーチ（文献調査）

インターネットや出版物など各種媒体から、調査内容に関係する情報を収集する方法です。

プロダクトに関係する市場全体の動向、競合サービスの内容や価格、類似サービス、ベンチマークの傾向など、客観的事実の調査が主な目的です。分析・数値化され、要約された情報が入手で

る反面、実際に現場で起こっている問題などは発見できません。後述するフィールドワークの予備調査として、どこへ行けばどのような情報が入手できるかも調べます。

ATMアプリの場合は、対象銀行のWebサイトやパンフレットなどの資料で、既存のATMやオンラインバンキングで使える機能をリサーチします。実店舗のATMやオンラインバンキングで可能なこと、ATMの利用案内（利用時間や手数料、その他注意事項や確認事項など）などを調べます。また、フィールドワーク対象の実店舗の場所や営業時間といった下調べも行います。

次に、ATMやオンラインバンキングの不便なポイントを検討します。デスクリサーチやATMを利用した体験などをもとに、チーム内で検討して候補を挙げますが、あくまでも机上での仮定に過ぎないため参考に留めます。必ず実際の現場で状況を確かめて、プロダクトを設計します。

●フィールドワーク（実地調査）

フィールドワークは、開発プロダクトに関連した場所へ実際に行き、観察や体験、ユーザーへのアンケートなど実態に即した調査を通して、現地で情報を得る調査方法です。

現場を見る、実際に利用する、実際に利用されている様子を観察する、利用者にインタビューするなど、各種の体験を通してデスクリサーチでは得られない「生きた情報」を収集できます。また、カメラやビデオで撮影するなど、さまざまなアプローチで情報を収集・記録します。

ATMアプリのフィールドワークでは、調査担当者が実店舗でATMを利用することはもちろん、利用者の観察や動画撮影、実際のインタビューなどで情報を集めます。また、オンラインバンキングの利用シーンや利用者の観察も実施します。いずれも利用手順はもちろん、利用中にユーザーが迷う箇所、使いにくそうなインターフェイスがないかも注意しましょう。また、ユーザーは目的を達成できたか、達成できなかった場合は何が原因でどのような結果になったかなどをチェックします。利用頻度や通帳の有無など細かい利用状況も確認しておきましょう。

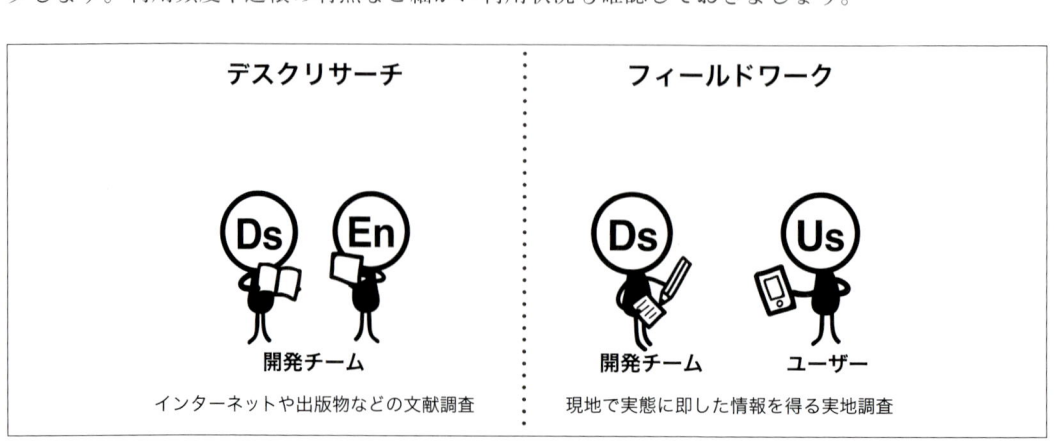

図2.5 デスクリサーチとフィールドワーク

なお、リサーチを実施する際、関係機関や施設、関係者などの許諾が必要となる場合があります。当然ですが、ATMアプリのリサーチでは銀行や利用者への許可が必須です。また、どのような調査でも写真や動画を撮影する場合は、関係者に話を通しておくことが重要です。

フィールドワークの重要性

現在ではインターネットを通じて世界中のあらゆる情報が入手できるため、比較的簡単にデスクリサーチが可能です。その他にも、専門書籍や雑誌、テレビなど、身の回りにある各種メディアからも多くの情報が得られるため、ユーザー心理や使用状況を推測することは可能です。しかし、実際のユーザーと同じ状況にならないと見えない情報は多く、机上の理論だけでは実情を完全に把握することはできません。

また、デスクリサーチのみで得られた情報や推測だけでプロダクトを設計しても、実際には使われないプロダクトとなることが多々あります。安易にメディア情報のみに頼らず、フィールドワークでの利用者観察やインタビューなど、「ユーザー視点」でのリサーチを心掛けましょう。

調査のポイント

リサーチで収集する情報は、大きく分類して「ユーザー」、「目的」、「利用状況」、「手段」、「結果」の5項目です。開発予定プロダクトに関連する環境で、「どのようなユーザー（Who）」が「どのような目的（what）」を達成するために、「どのような状況（when、where）」で「どのような手段（how）」を使っているのか、また「なぜそれを使っているのか（why）」を明確にします。

具体的には次のポイントに注意して調査を行います。

●なぜ（why）を追求する

通常ユーザーがプロダクトを使う場合、プロダクトを使うこと自体が目的ではありません。そのプロダクトを使って達成したい本当の目的があります。目的を達成する別の手段があるのかもしれません。目的を達成するためにユーザーがプロダクトを選択した理由があるはずです。同様に、既存プロダクトへの評価や要望もそのまま捉えてはいけません。なぜそのような評価になるのか、なぜそのような要望が上がるのか理由を追求します。「なぜ」を追求していくことで、ユーザーの本当のニーズを探し出すことができます。

●結果に着目する

ユーザーが目的を達成できているのか、仮に達成できたとしても、十分に満足のいく結果なのかも確認します。現在ユーザーが得ている以上に価値のある結果（潜在的なニーズ）があるので

はないか、その可能性を突き詰め、よりよい結果や新しい価値を提供できるプロダクトの開発を目指すことが大切です。

● 広い視点でさまざまな情報を集める

リサーチでは一見プロダクトとは関係ない情報も収集します。最初は無関係に見えても、すべての情報と合わせて俯瞰的に眺めると重要な情報になることもあります。また、この時点で情報の精査は不要です。情報収集と同時に精査すると、収集行動に制限が掛かるからです。このフェーズでは発見や疑問などを含めて、とにかく数を集めることに集中します。

上記の調査から現在の問題点と解決策、すなわちユーザーが求めているプロダクト像が見えてきます。リサーチはユーザーがプロダクトに対して何を望んでいるのかを明確にするための、プロトタイピングの準備フェーズと言えます。デスクリサーチでの収集する客観的事実や分析、推論と、フィールドワークで集めた情報をもとに、問題点と解決するための仮説を立てます。

2-2-2　ペルソナと利用状況

前項のリサーチで集めた情報を精査、構造化して問題点を整理し、問題の解決策を探るための仮説を立てます。ここでの仮説とは、主にペルソナ（仮想ユーザーモデル）とその利用状況です。ペルソナを作成し、そのユーザーがプロダクトを利用する流れや様子をシナリオとしてまとめ、それらをベースにプロダクトの要件定義や設計を行います。まずは、どのようなユーザーがどのような状況で使うのかを設定します。基本的には以下の5w1hをベースに考えます。

- who（誰が）：対象ユーザー
- what（何を）：目的・ゴール
- when、where（いつ、どこで）：ユーザーが置かれている状況（利用するタイミングや場所）
- how（どう）：手段
- why（なぜ）：理由（ニーズ・欲求）

今回のATMアプリの場合は、次の通りに設定します。

- who：フリーランス、個人事業主、主婦
- what：銀行での支払い振込、送金、残高確認、入出金確認
- when、where：空いた時間に、オフィスや自宅で

- how：外出せずに手元のスマートフォンで操作する
- why：仕事や家事、育児で忙しく、スマートフォンで手軽に行いたい

設計を開始する際に具体的な情報をまとめることで、重要視することや配慮すべきポイントが明確になり、ユーザーのニーズを満たすプロダクトをデザインすることができます。

ターゲットユーザー

どのようなユーザーが利用するのか、さらに掘り下げていきましょう。リサーチで得たデータをもとにターゲットユーザーを決めます。ATMアプリでは、事業の金融処理を自ら行う必要があるフリーランスや個人事業主、家計を預かる主婦層をターゲットとします。

- フリーランス
- 個人事業主
- 主婦

ペルソナ

また、可能であればペルソナも作成します。ペルソナとはプロダクトのメインターゲットで、実際にプロダクトを使用する人物のモデルとなります。ペルソナは以下の項目から絞り込みます。

- 年齢、性別、職業、家族構成、収入
- 住居、生活範囲
- ライフスタイル、ライフステージ、価値観、趣味嗜好
- ネット・スマートフォンリテラシー
- その他、サービスの使用状況など

ペルソナを詳細まで詰めると、プロダクトに求められる要件がより明確になります。年齢、性別に加え、ビジネスパーソン、学生、主婦などの職業職種により目的や利用方法が異なります。
上記に加えてライフステージにも着目します。例えば、同じビジネスパーソンでも、社会人2年目の経験の浅い若手社員と、30代半ばから40代前半のマネージャクラスでは、立場や要望、業務に対する視点、手段もまったく異なります。また、同じ主婦でも、20代から30代の子育てで多忙な主婦と、子供が独立して夫と2人暮らしで余裕のある生活をしている主婦では、プロダクトに対するニーズが違います。例として、ATMアプリのペルソナを2つ作成しましょう。

Chapter 02

名前	城島 浩之	
年齢	27 歳	
性別	男	
職業	フリーランス（デザイナー）	
家族構成	独身	
年収	600 万	
住居	東京都内	
生活範囲	自宅とオフィス、クライアントはほぼ都内に集中しているので、平日の生活圏内はほとんど 23 区内に絞られる。	
ライフスタイル ライフステージ 価値観・趣味嗜好	若手のフリーランスデザイナー。クライアントもそこそこ多く、多忙で仕事中心の生活。 これからもしばらくはフリーランスで仕事を行っていく予定。お金や将来の考え方はシビアで現実的。	
ネット・スマートフォン リテラシー	仕事でもプライベートでもネットはほぼ毎日利用するので、比較的ネットリテラシーは高い。仕事は固定端末とスマートフォンベースで行う。	
ATM・ネットバンキング 使用状況	仕事上の入出金処理や個人口座からの振込など、公私ともにオンラインバンキングをよく使う。ATM は現金の引き落としにしか使わないため、月数回程度。銀行より近くのコンビニの ATM をよく使う。	

表 2.1 ペルソナ 01

名前	牧田 明里	
年齢	34 歳	
性別	女	
職業	専業主婦	
家族構成	夫（38 歳）、娘（2 歳）	
年収	800 万（世帯収入）	
住居	神奈川県	
生活範囲	買い物や子供とのお出かけ、ママ友とのランチなど、平日の生活圏内は近所から遠くても都内までがほとんど。	
ライフスタイル ライフステージ 価値観・趣味嗜好	娘がまた小さくて手が離せない。友達も多く、家事や育児で多忙な毎日。趣味は読書。家計の管理はずぼらな夫の代わり、すべて自分が行っている。貯蓄や投資信託もしっかり行う。	
ネット・スマートフォン リテラシー	Amazon やネットスーパー、ネット通販をよく利用するので、ネットリテラシーは中程度。 スマートフォンの Facebook、Twitter アプリなどで子供の写真や近況を頻繁に投稿する。 また、Amazon アプリでよく古本を探して買う。固定端末はあまり使わない。	
ATM・ネットバンキング 使用状況	ATM は現金の引き出しのみ。ネットバンキングも夫の給料の振込や家賃、光熱費、カードの引き落とし額の確認程度なので、月数回しか使わない。銀行窓口へは定期預金や保険、投資信託の見直しで年数回行く程度。	

表 2.2 ペルソナ 02

ユースケースと利用シーン

　ペルソナがプロダクトをどのような状況でどのような使い方をするか、ユースケースと利用シーンを作成します。ペルソナが何を目的としてどのようにプロダクトを使うかを明確にするためです。UIを通じた操作の具体的な流れや、ユーザーとプロダクトのインタラクティブな作用など、ユーザーとプロダクトの関係性を整理して明確にするために必要な情報です。また、プロダクト開発関係者間で認識を共有するためにも役立ちます。

　まずはユースケースから考えていきましょう。ATMアプリはどういう状況で使われるのでしょうか。ペルソナのライフスタイルや状況を考えると、主な利用状況には以下が考えられます。

- 通販などでの振込
- 通常の送金
- 支払い忘れへの緊急対応
- 残高確認
- 入出金確認

　次に、そのプロダクトはどのような状況で利用されるのか、利用シーンを考えます。基本的には以下の内容をまとめます。

- 場所、環境
- 時間帯、利用時間、利用頻度
- 集中して使えるか、邪魔が入るのか

　そのプロダクトは、主にどのような場所で利用されるのかを考えます。屋内で使われるのか、それとも外で使われるのでしょうか。また、使われる時間帯はどうでしょう。朝、昼、晩や具体的に何時くらいに使われるのか、もしくはどのようなタイミングで使われるのでしょうか。

　場所と時間が絞れたら、それらを軸に、さらに具体的な状況を考えていきます。例えば、移動中、通勤電車の中、オフィスで仕事中、自宅でリラックス中といった、具体的な利用シーンを導き出します。移動中に使う想定であれば、いつどこで作業が中断するか分かりません。

　他にも、ユーザーの年齢やリテラシーからどの程度の複雑さであれば許容されるのか、または文字のサイズや読みやすさなどの視認性を重視するといったアクセシビリティはどの程度考慮するべきかも検討します。これらの情報はデザインコンセプトや実装する機能を決める時の基準となるだけではなく、機能の表示階層やUIの配置場所、実装の優先順位といった細かいことを決める時の判断基準にもなります。

利用シーン その1	利用シーン その2
ユーザー	ユーザー
屋外、移動通、通勤電車の中	屋内、自宅でリラックス中

図 2.6 利用シーン

　ATMアプリの場合、場所と環境として、オフィスや自宅はもちろん、支払い忘れなどの緊急対応のケースでは外出先で利用されることも考えられます。屋外での利用も想定されるため、安定したネット環境とは限りません。取り扱う情報は、シビアで漏洩したら困る、最も他人に見られたくない個人情報の1つであるため、比較的人目に付きにくい場所での利用が想定できます。

　特によく利用する時間帯はなく、必要があれば随時使用します。簡単な送金や情報確認程度なので、ほとんどの作業は数分から長くても10数分程度で完了します。利用頻度は多いユーザーで週数回、少なければ月数回程度でしょう。毎日複数回の利用はほぼないと言えます。1日に何回も振込や入金が必要な状況になると、固定端末のオンラインバンキングを使用したり、店舗へ直接行くと推測できるからです。

　また、仕事や家事中の隙間時間に使うため、長時間は集中できず手早く済ませる必要があります。電話が掛かってきたり、誰かに話しかけられたりする、比較的作業の中断が発生しやすい状況と言えるでしょう。なお、ターゲットユーザーの年齢層やリテラシーを考えると、アプリの複雑さの許容度やアクセシビリティは中程度で問題ないでしょう。

場所 環境	・オフィス、自宅、外出先 ・外出先の場合はネット環境不安定 ・比較的人目に付きにくい場所で利用
時間帯 利用時間 利用頻度	・よく利用する時間帯はなく、必要があれば随時使用 ・数分〜十数分程度 ・週数回〜月数回程度　※毎日何度も使うようなことはほとんどない
集中して使えるか 邪魔が入るのか	長い時間集中できず、中断が発生しやすい

表 2.3 ATMアプリの利用シーン

加えて、ワークフローを明確にする必要もあります。プロダクトを使って目的を達成するために必要な情報を整理します。

- タスクやコミュニケーションの内容
- 個人情報、写真など必要なデータ
- その他、関連する規則やルールなど

ATMアプリの操作では、金額や振込・送金先などの情報入力、その内容確認と送信などが発生します。金銭に関わる重要なデータを扱う振込や送金など各タスクのフローは、情報入力の順番から誤りや不正な入力のチェックまで確実に行われ、入出金確認は表示期間の指定なども求められます。特に、送金する場合は確実な内容確認や操作ミスを防ぐ必要があります。

必要なデータには、ネットバンキングのログインIDとパスワードに加え、場合によっては振込・送金先の口座情報も必要です。また、ATMの場合、振込や残高、入出金確認など、最新データが不可欠な項目ばかりのため、通信は必須です。また、デリケートな金融情報を扱うため、個人情報の取り扱いやセキュリティには、かなりシビアかつ高いレベルが求められます。

なお、この段階では具体的な画面構成や機能、表示データはリストアップしないことがポイントです。あくまでユースケースと利用シーンを明確にすることが目的であり、具体的な機能まで検討すると、思考が縛られてしまい柔軟なアイデアが浮かばなくなります。実装機能が確定していない状況で、「振込には相手の銀行名と支店名、口座種別、口座番号と…」などと細かく機能や入力データを洗い出しても、後々その機能を実装しないとなれば無駄にしかなりません。

本項で説明したペルソナとユースケース、利用シーンが、デザインコンセプトを決め、UI設計やデザインの意思決定基準となります。上述の通り、仮説を具体化することで、ユーザーがプロダクトに求める要件を導き出す準備が整ったと言えます。

タスク	・銀行からのお知らせチェック　・振込 ・口座の残高・入出金確認　・個人情報設定 ・金額や送金先などの情報入力 ※送金確定などの操作ミス防止策が必要
必要なデータ	・ログインID　・パスワード ・振込金額、送金先情報など
その他	・セキュリティ重視 ・メイン機能を使うには通信が必須 ※振込や残高、入出金確認など、最新データが必要

表2.4 ATMアプリのワーフロー

2-2-3　要件定義

前項で説明したユースケースと利用シーンに基づき、アプリケーションに実装する機能や表示する情報を精査し、要件を検討します。

要件定義で注意すべきポイントは、プロダクトのメインはコンテンツであることです。機能はあくまでコンテンツを利用するために必要なもので、実際にユーザーが必要とするものはデータの内容です。そのため、一連の流れの中で必要なデータは何か、またユーザーが最終的に手に入れたい情報は何か、コンテンツ要件までしっかり検討しましょう。

加えて、ビジネスモデルを考慮して、必須の要件やスケジュール、資材、人的リソース、技術面での実装可否など、ビジネス的そして技術的要件も押さえておく必要もあります。実装する機能やコンテンツを決める、重要な判断基準の1つになるからです。

要件の精査

ここで扱うATMアプリの場合は、既に実際のATMとオンラインバンキングが存在します。既存のATMとオンラインバンキングが搭載している要件を参考に絞り込みを行います。

既存のATMの機能		既存のオンラインバンキングの機能	
・残高確認	・外貨預金	・残高確認	・口座開設
・引き出し	・口座開設	・送金	・ローン
・入金	・ローン	・設定変更	・保険
・送金	・保険	・利用案内	・税、各種料金の支払い
・通帳記入	・税、各種料金の支払い	・ニュース	
・利用案内		・外貨預金	

表 2.5 既存のATMとオンラインバンキングの機能

上記を考慮すると、ATMアプリに実装する機能候補は以下の通りになります。

ATMアプリの機能	
・残高確認	・ニュース
・引き出し	・外貨預金
・入金	・口座開設
・送金	・ローン
・通帳記入	・保険
・設定変更	・税、各種料金の支払い
・利用案内	

表 2.6 ATMアプリの機能候補 01

機能とコンテンツの選定

洗い出した機能とコンテンツの中から、必要なものと不要なものを分類します。

まずは、大きく次の4項目に分類します。ユースケースだけではなく、ビジネス的要件と技術的要件も踏まえて判断します。

●必須

最低限これだけでも実装すれば、ユーザーが目的を達成できる機能・コンテンツです。この機能が存在しないとアプリケーションとして成立しない、メインの機能を選定します。

●あれば望ましい

あれば望ましい機能・コンテンツです。必須ではなくても、実装すればより使い勝手の良いアプリケーションとなるため、実装すべきと考えられるものです。

●不要もしくは実装できない

想定される利用シーンでは、利用されることがないと判断される機能・コンテンツ、スケジュールやコスト、技術的に実装できないものです。

アイデアとしては提案されたがユースケースを考えるとプロダクトに相応しくないコンテンツ、目的やシナリオを基準に考えると使用頻度が低い機能などは、不要な要件として実装対象から外します。

●将来的に実装する

実装できれば望ましい機能であっても予算やスケジュールに納まらない、もしくは現段階では技術的に不可能でもいずれ実装可能となる機能・コンテンツです。

最初のバージョンでは実装せずに省いたとしても、将来的に実装する要件として次バージョン以降で検討します。

ATMアプリの機能精査

それでは、ATMアプリの機能精査を行います。もちろん、すべての機能をアプリに実装する必要はありません。何を実装して、何を実装しないかを検討します。

ATMアプリの場合は、90%のユーザーが必要な機能だけを入れます。複雑な処理は、銀行の実店舗やコンビニATMで解決することを前提とします。ペルソナやユースケース、利用シーンに従って、消去法で考えていきます。

まず、不要もしくは実装できない機能を絞り込んでいきます。実装できない機能として、「引き出し」「入金」「通帳記入」が挙げられます。当然ですが、現金の取引や通帳の記入なので、スマートフォンでは物理的に不可能だからです（表2.7）。

ATMアプリの機能	
・残高確認	・ニュース
・引き出し	・外貨預金
・入金	・口座開設
・送金	・ローン
・通帳記入	・保険
・設定変更	・税、各種料金の支払い
・利用案内	

表2.7 ATMアプリの機能候補02

ターゲットユーザーがほぼ使わない「外貨預金」「口座開設」「ローン」「保険」も対象から外します（表2.8）。そもそも手続きフローが複雑なため、スマートフォンアプリには向いていません。

ATMアプリの機能	
・残高確認	・ニュース
・引き出し	・外貨預金
・入金	・口座開設
・送金	・ローン
・通帳記入	・保険
・設定変更	・税、各種料金の支払い
・利用案内	

表2.8 ATMアプリの機能候補03

ターゲットユーザーが頻繁に使うことのない「利用案内」や「税、各種料金の支払い」も不要な機能として実装対象外とします（表2.9）。

ATMアプリの機能	
・残高確認	・ニュース
・引き出し	・外貨預金
・入金	・口座開設
・送金	・ローン
・通帳記入	・保険
・設定変更	・税、各種料金の支払い
・利用案内	

表2.9 ATMアプリの機能候補04

必須の機能・コンテンツとしては、「残高確認」「送金」が該当します。最低限これだけでも実

装していれば、ユーザーが目的を達成できます。また、「設定変更」「ニュース」などの情報表示もあれば望ましい機能と言えます。

```
┌─────────────────────────────────────────┐
│            ATM アプリの機能               │
│      ┌・残高確認      ・ニュース┐         │
│      │ 引き出し       外貨預金  │         │
│ 必須 │ 入金           口座開設  ├あれば望ましい│
│      │ 送金           ローン    │         │
│      │ 通帳記入       保険      │         │
│      └・設定変更      税、各種料金の支払い┘│
│        利用案内                          │
└─────────────────────────────────────────┘
```

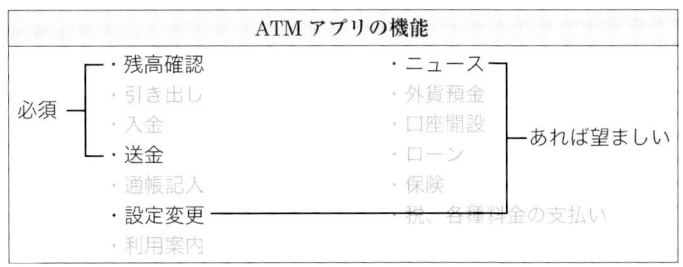

表 2.10 ATM アプリの機能候補 05

　そのため、ATM アプリのコア機能は「残高確認」「送金」「設定変更」「ニュース」の 4 つに絞り、最終的には以下のコンセプトをベースとしたアプリを開発します。

- 簡単に残高を確認
- 簡単に送金できる
- 複雑なことは銀行かコンビニで

　選定で最も重要なポイントは「あれば望ましい」と「不要」の切り分けです。
　一般的には、洗い出されたほとんどの要件を「あれば望ましい」と判断しがちです。しかし、スマートフォンアプリでは、ユーザーの目的に合致し頻繁に使用されると考えられる機能やコンテンツのみに絞った方が、より使いやすくなります。

　単純に「機能やコンテンツが多ければ多い程良い」と考えて、不要な情報や煩雑すぎるフローのタスクまで実装すると、機能や UI、コンテンツが煩雑に混乱してしまい、どこに何があるか分からなくなります。そして、最終的には使い勝手の悪いプロダクトになりかねません。ユーザー（ペルソナ）の視点で本当に必要な要件は何かを熟慮して実装可否を判断します。
　ペルソナやユースケースから要件を抽出し、各機能の重要性や使用頻度を考慮して、全体構成を決めるために必要な判断材料を、この段階でしっかりと精査しましょう。また、明確なコンセプトを確立しチームメンバー間で共有し、開発中も継続的に認識を擦り合わせ、コンセプトから外れないように心掛ける必要もあります。そこで役立つのが、次で紹介するステートメントシートです。

ステートメントシートによる情報共有

ここまでで精査した情報をまとめて、アプリの本質を1行で表した文章（ステートメント）と補足情報をまとめた「ステートメントシート」を作成しましょう。これは、コアコンセプトをチーム全体で共有し続けるために使います。

まずは、そのアプリを1行で説明できるステートメントを考えます。ATMアプリの場合、ステートメントは以下になります。

フリーランスや主婦がわざわざ銀行に行かなくても、
いつでも手軽にATMの代わりに利用できる

次に、ターゲットやユースケースなどを簡単にまとめます。

●ターゲット
フリーランスや個人事業主、主婦

●ユースケース
通販などでの振込、通常の送金、支払い忘れへの緊急対応、残高確認、入出金確認

●コア機能
簡単に残高を確認、簡単に送金できること

●諦めること
現金を扱う物理的に不可能な機能、スマートフォン操作には適さない複雑な処理
※これらは銀行の各店舗かコンビニATMで処理する

ステートメントシートは、プロダクト開発中に常に意識し、判断に迷った場合は何度も見返します。そのため、内容は簡潔にまとめましょう。なお、ステートメントシートの詳細は「3-3 fladdict式ツール＆メソッド」（P.111参照）で説明します。

2-3 プロトタイピング

本節では、前節「分析・仮説」（P.39 参照）で組み立てた仮説や要件から、どのようなプロトタイプを作成するか検討します。

2-3-1 プロトタイプ設計

ペルソナのゴールや利用シーンに合わせて、プロダクトに必要な要素をどのように実装するか、プロトタイプの具体的なメニューや UI に落とし込んでいくため、まずは要素の整理から始めます。

要素の整理は、リスト化、グルーピング、構造化の 3 ステップで進めます。

リスト化

整理した要件から、必要な機能とコンテンツ（データ）をリストアップします。具体例の ATM アプリでは、下記の機能やデータが必要となります。

ATM アプリに必要な機能とデータ			
・ニュース機能	・残高表示	・振込完了
・残高照会機能	・入出金一覧表示	・ログイン
・振込機能	・振込先情報の入力	・ID/PASS ワード入力
・設定機能	・振込金額入力	・ユーザー情報表示
・ニュース一覧表示	・振込指定日選択	・ユーザー情報変更
・ニュース全文表示	・振込確認	

表 2.11 リスト化

グルーピング

次にリスト化した機能とデータをグルーピングします。要素同士の関係性を明確にしていき、同じ種類の機能やデータを要素群としてまとめていきます。それぞれの機能とそれに関係するデータを紐付けて整理、分類していきましょう。先ほど洗い出した ATM アプリの機能とデータをグルーピングすると以下のようになります。

ニュース機能	・ニュース一覧表示 ・ニュース全文表示
残高照会機能	・残高表示 ・入出金一覧表示
振込機能	・振込先情報の入力　　・振込指定日選択　　・振込完了 ・振込金額入力　　　　・振込確認
設定機能	・ログイン　　　　　　・ユーザー情報表示 ・ID/パスワード入力　・ユーザー情報変更

表 2.12 グルーピング

構造化

　グルーピングした要素群を構造化します。シナリオの各ステップでどのような機能やデータが必要なのか、どの要素が上位でどの要素が紐付いて下位構造となるのかなど、要素群や各要素間の関係性を構造化していきます。グルーピングしたATMアプリの機能やデータを構造化すると、以下の通りです（表2.13）。この構造化したデータに基づいて、プロトタイプを組み立てます。

	第1階層	第2階層	第3階層
ニュース機能	・ニュース一覧表示	・ニュース全文表示	
残高照会機能	・残高表示	・入出金一覧表示	
振込機能	・振込先情報の入力 ・振込金額入力 ・振込指定日選択	・振込確認	・振込完了
設定機能	・設定	・ログイン ・ユーザー情報表示	・ID/パスワード入力 ・ユーザー情報変更

表 2.13 構造化

2-3-2　ペーパープロトタイプ作図とUI設計

　構造化したデータからプロトタイプの全体構成を検討します。この段階からペーパープロトタイプの作成行程が始まりますが、全体構成に入る前にペーパープロトタイプの作図やUI設計のポイントを説明します。
　ペーパープロトタイピングでは、スピード重視で概略のレイアウトや各要素のサイズ比率が分かる程度の粒度で、プロトタイプを手書きで作成します。この時点で「Photoshop」や「Illustrator」などを利用すると、フォントや配色、サイズ、要素間のマージンなど、必要以上に細かいビジュアルデザインや調整に気を取られてしまいます
　上記はあくまでもデザインフェーズで検討することであって、設計フェーズで考えることでは

ありません。プロトタイピングでは、あくまでプロダクト構成や画面フロー、機能やコンテンツ決定を第一義として、意思決定者と開発チームメンバーの意見を確認することが目的です。スピードを重視し、プロダクト構成や画面フローを確認できる程度のものを作成します。

なお、ポップアップ画面など常に表示されるものではなくても、状況次第では表示される要素も作成するように心掛けましょう。後述するチーム内レビューでのシミュレーションやユーザーレビューの際に必要となります。

ペーパープロトタイプの作図

ペーパープロトタイプを作成する前に、まずは作図方法を確認しましょう。ペーパープロトタイプの画面は次の手順で作成していきます。

●領域の分割

まずは画面領域の分割を行います。どんな機能がどこにあるべきかを検討しながら機能ごとに領域を決め、概略のレイアウトを決めます。また、他画面の機能やコンテンツも考慮し、ナビゲーションなどの統一すべき領域も決定します（共通ルールを設定することをおすすめします）。

例えば、iPhoneアプリの一般的なパターンでは、画面最上部にステータスバーとナビゲーションバーを配置し、画面中央をコンテンツ表示領域として、タブ・ツールバーを下部に表示するなど、領域を大まかに分割します（図2.7）。

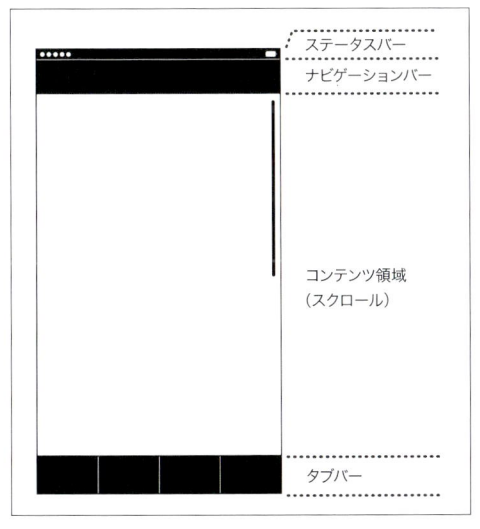

図2.7 領域の分割

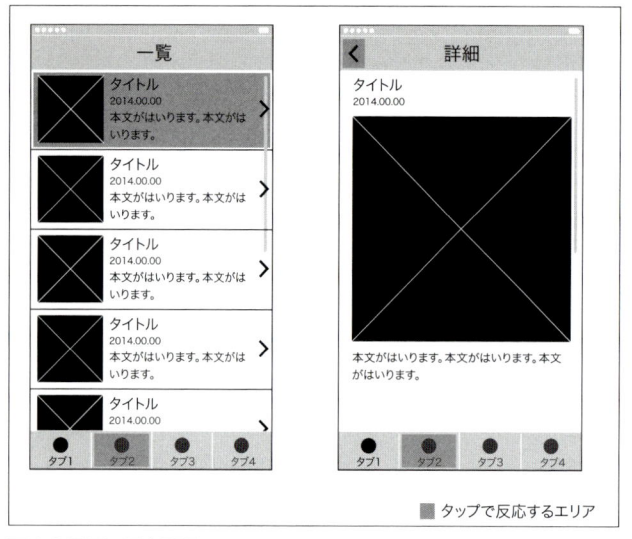

図 2.8 画面の要素配置

● 画面の要素配置

　表示領域の分割の次は、画面の表示内容をより詳細に検討します。実装する機能や画面遷移をコントロールするため、ボタンをどこに配置するのか、タイトルや本文など表示するコンテンツにどのような要素が相応しいのかなどを検討します。

　単独の画面構成だけではなく、その他の画面における要素配置に規則性を持たせるように心掛けましょう。また、タッチ操作で反応する要素と、コンテンツ表示だけでタッチ操作に反応しない要素は、明確に区別する必要があります（図 2.8）。

　なお、プロトタイプで全画面や機能をカバーする必要はありません。実際のプロダクトでは画面遷移して下層画面を表示するボタンでも、下層画面のプロトタイプを作成しない場合は、そのボタンはプロトタイプでは操作できない要素になります。プロトタイプとして操作できる（反応する）要素としない要素も明確にする必要があります。

UI 設計のポイント

　UI を設計する際には、次のポイントに留意します。

● 直感的に使用できるか、簡単に学習できるか

　Web サイトやスマートフォンアプリは、サイトにアクセスまたはダウンロードされたら、即座に使われ始めます。基本的に取扱説明などはない、もしくは簡易的なものがほとんどです。初見

でも使い方を理解できる、もしくはすぐに理解できて次回以降は迷わずに使えることを意識して、可能な限りユーザーの学習コストを下げられる画面設計を心掛けましょう。

●操作要素や情報を最適な場所に配置しているか

頻繁に利用される機能が割り当てられているボタンが分かりにくい、もしくは押しにくい場所に配置されていたり、最も必要とされる情報がスクロールしないと表示されないのは論外です。各要素に優先順位を付け、必要とされる機能やコンテンツがすぐに分かる画面構成を作成します。

●内容は分かりやすいか

コンテンツの内容が一目で理解できる分かりやすさも、プロダクトの使い勝手を向上させる重要なポイントです。タイトルやボタンのラベルに、誤解を招く表記がないように配慮します。

2-3-3　プロダクトの構造

ペーパープロトタイプの作成では、まずプロダクトの構造を決定します。プロダクトの根幹を決めて各機能やコンテンツなどの細部を詰めないと、プロダクトのフローや機能実装に不具合や矛盾が生じる可能性があるからです。

前述の通り、実装する機能や画面すべてを1つのプロトタイプにするのではなく、複数のプロトタイプに分割します。必ず1プロトタイプに複数のアプローチを用意して、それぞれの長所と短所を比較して検証しましょう。

また、プロダクト構造を決める際は、最初に構造決定にフォーカスします。例えば、スマートフォンアプリの場合は全体ナビゲーションから策定します。つまり、複数のナビゲーション案を作成して、それぞれの長所と短所を比較し、最適な案を採用します。

アプリのタイプ選択

スマートフォンアプリの全体ナビゲーション、つまりアプリのタイプを最初に検討します。

アプリの目的や機能に合わせて、どのような構造にして、どのようなナビゲーションを利用して遷移するかを検討します。iPhoneアプリは大別すると、次に紹介するユーティリティ型、ナビゲーション型、タブ型、ドロワー型、没入型の5パターンがあります。

●ユーティリティ型

　機能や画面遷移が少なく、機能やコンテンツが1〜2画面程度に治まる小規模なアプリに最適です。シンプルで分かりやすい構造が特徴です。表側に機能、裏側に設定を用意するのが定番で、単機能・単目的のアプリ向けです。標準アプリでは「天気」や「コンパス」などが該当します。

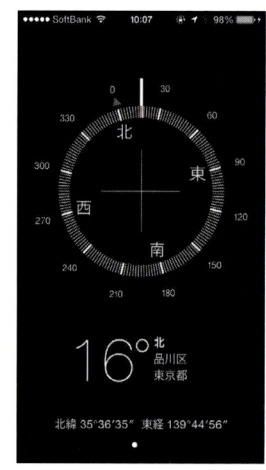

図2.9 ユーティリティ型：「天気」（左）、「コンパス」（右）

●ナビゲーション型

　テーブルリストからドリルダウンで下階層に掘り進むタイプです。ツリー状の遷移構造が特徴です。ユーティリティ型より多機能とはいえ、比較的シンプルにコンテンツを階層ごとに表示するアプリに適しています。標準の「メール」や「設定」が典型的なナビゲーション型の例です。

図2.10 ナビゲーション型：「メール」（左）、「設定」（右）

● タブ型

　複数の機能を切り替えられるのがタブ型の特徴です。ナビゲーション型を併用でき、大規模なアプリに適していますが、多機能を実装できる反面、構成そのものが複雑となりがちです。また、タブが最大 5 個と制限されているため、後々の機能拡張が困難とも言えます。

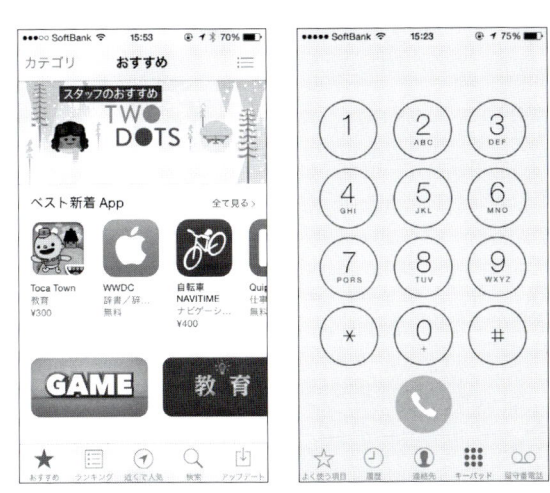

図 2.11 「App Store」(左)、「電話」(右)

● ドロワー型

　画面の右または左からスライドしてサイドメニューを表示し、機能切り替えや項目選択を行います。タブ型と比較してナビゲーションの表示可能領域が広く、タブ型では収まらない項目数を表示できます。また、将来的な機能拡張も容易です。

図 2.12 ドロワー型：「Gmail」(左)、「Sumally」(右)

ナビゲーションが常に表示されるわけではないため、コンテンツの表示領域を大きく確保できるメリットもあります。ただし、多くの選択メニューを内包することになるため、アプリ構成が複雑になるケースが多々あります。「Gmail」や「Facebook」、「Sumally」など多くのサードパーティ製のアプリにドロワー型が採用されています。

●没入型

没入型構造は、独自にカスタマイズされたオリジナルUIです。iOS標準のUIではカバーしきれない独特の操作への対応や、独自の世界観を実現する場合に採用されます。一般的には、ゲーム系のアプリでよく使われるタイプです。

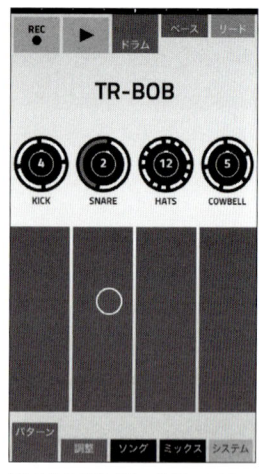

図2.13 没入型：「TR-BOB」

アプリタイプの比較

　ATMアプリでは、どのタイプが相応しいのか、プロコンリストで各型を比較します。長所（Pros）と短所（Cons）を並列に並べるプロコンリストでは、長所と短所を客観的に評価します。

●ユーティリティ型

Pros	Cons
・明解 ・起動ライフサイクルを短くできる ・工数とコストが小さめ	・提供できる機能が少ない ・拡張性に難がある

表2.14 プロコンリスト（ユーティリティ型）

●ナビゲーション型

Pros	Cons
・構造化できる ・拡張が容易	・複数のコンテンツの並列移動ができない ・階層が深くなりがち

表2.15 プロコンリスト（ナビゲーション型）

●タブ型

Pros	Cons
・コンテンツを多く扱える ・複数のコンテンツを並列移動できる ・階層を浅くできる ・ナビゲーション型を内包できる	・拡張性が最大5つ ・大型になりがち ・1つのコンテンツに集中しにくい

表2.16 プロコンリスト（タブ型）

●ドロワー型

Pros	Cons
・タブより多くの数のコンテンツを扱える ・機能拡張が容易 ・ナビゲーション型を内包できる ・画面上のコンテンツの表示領域が増える	・アプリの構成が複雑になりがち ・1つのコンテンツに集中しにくい ・実装コストは高め

表2.17 プロコンリスト（ドロワー型）

●没入型

Pros	Cons
・ユーザーを体験に没頭させられる ・オリジナリティを出せる ・表現の幅が広い	・工数と予算が掛かる ・拡張性、OS互換性が低い ・UIマナーから逸脱しやすい

表2.18 プロコンリスト（没入型）

各タイプの特徴と長所・短所から、今回のATMアプリの要件を当てはめるとどのようなUIになるか確認していきましょう。

● **ユーティリティ型の場合**

残高履歴のみ、送金のみといった最低限の機能を実装したアプリになります。シンプルで目的が明確な分、使える機能も少なくなります。

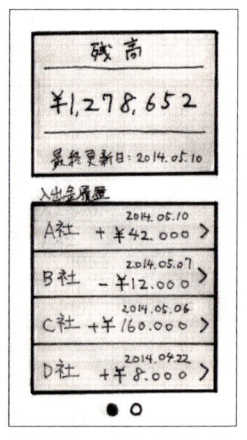

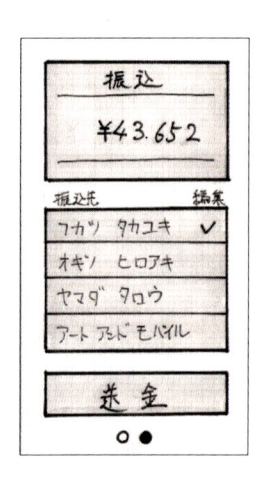

図2.14 ユーティリティ型

● **ナビゲーション型の場合**

トップ階層のリスト画面から4つの機能をそれぞれ掘り進む形になります。階層化しやすく、また機能を増やす場合もトップのリストを増やすだけなので、機能拡張が容易です。

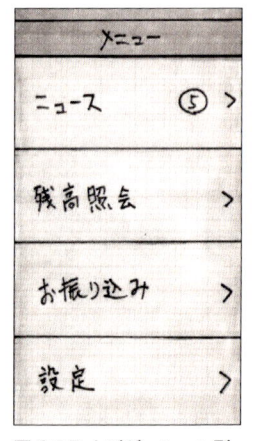

図2.15 ナビゲーション型

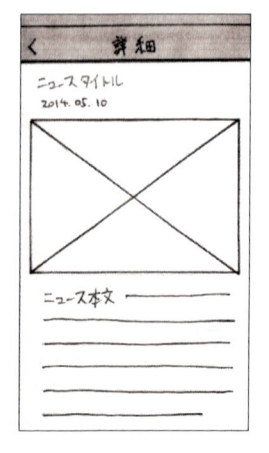

●タブ型の場合

画面下部のタブを切り替えることで、複数の機能を平行移動できます。ナビゲーション型の上位拡張型とも言えます。

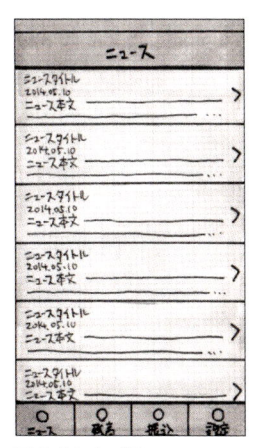

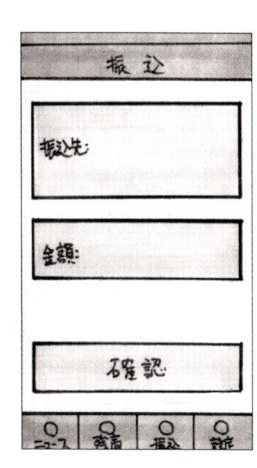

図 2.16 タブ型

●ドロワー型の場合

画面上部左側のアイコンをタップすると、左サイドからメニューがスライドで画面上に表示されます。タブ型よりコンテンツに集中しやすい構成で、多くの機能をアプリに内包することが可能です。

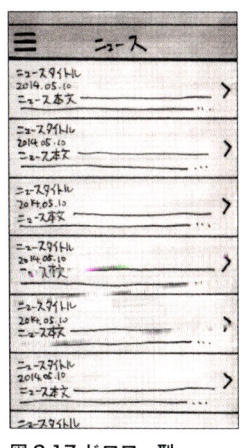

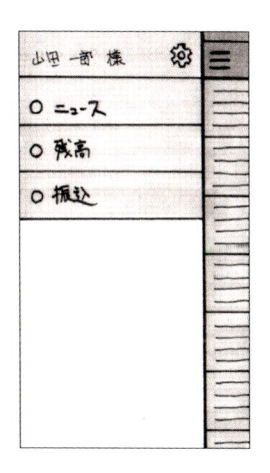

図 2.17 ドロワー型

●没入型の場合

現実メタファーが必要な場合に使われます。ATMアプリの場合は、エージェントメタファーなどが考えられます。標準と大きく異なるUIとなるため、実装コストが跳ね上がる傾向があります。

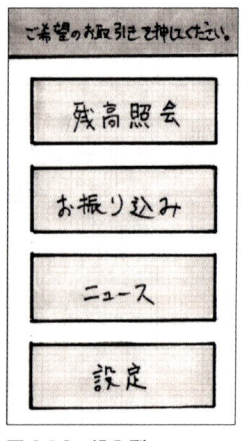

図2.18　没入型

ユーティリティ型では、必須のコア機能であるニュース、残高照会、振込、設定の4機能すべてを実装することはできません。また、ATMアプリはドロワー型するほどの機能はありません。また、没入型のメリットである現実メタファーの必要性もありません。したがって、ATMアプリでは、ナビゲーション型もしくはタブ型が相応しいと言えます。

それではナビゲーション型とタブ型をもう一度詳しく比較していきましょう。

●ナビゲーション型の特徴

・拡張しやすい
・単純
・メニューをまっすぐ掘り進む

●タブ型の特徴

・追加できる項目に限界がある
・複雑
・メニュー間を平行移動できる

今回の比較検証は、ナビゲーション型では機能を切り替える際に階層の深さが問題になります。ATM アプリは各機能で比較的深い階層まで潜る必要があります。

検証ケースとして、送金を中止して残高やニュースを閲覧するシチュエーションを考えてみましょう。送金する際、振込先情報や金額の入力、振込指定日の設定、振込確認から振込完了と、かなり深い階層構造となります。ナビゲーション型では、階層が深い場合は作業の切り替えに、何度も階層を戻る操作が必要があります。これに対して、タブ型では、画面下部のタブを切り替えるだけなので、各機能の切り替えが容易です。

ATM アプリでは、拡張性の高さや構成の単純さは重要ではありません。深い階層から移動できない構成は大きなデメリットと言えます。したがって、横断的に複数の機能を切り替えられるタブ型を選択します。

画面の流れを決める

アプリタイプを選択して全体構成が決まったら、画面遷移、つまりプロダクト内での画面の流れを図にまとめます。必要な画面の洗い出し、各画面の役割、画面に実装する機能や表示するコンテンツ、遷移の流れを整理します。以下のポイントに注意して作成します。

●それぞれの画面の役割は明確か

各画面の目的は何か、1 画面 1 画面の役割を明確に定義して、役割に応じた機能やコンテンツを表示します。不要な画面は削除するか他の画面とまとめます。また、1 画面に役割が集中し過ぎないように注意しましょう。

●画面に機能やコンテンツを持たせ過ぎていないか

1 画面に複数の機能やコンテンツが集中すると、ユーザビリティ低下に繋がります。特に、スマートフォンの小さい画面に多くのボタンを並べたり、何度もスクロールが必要なほど情報を表示すると使い勝手が極端に悪くなります。機能・コンテンツと使い勝手のバランスに考慮します。

●遷移が複雑に交差し過ぎていないか

利用シーンに基づいた遷移機能やショートカットは必要ですが、複雑な遷移はユーザーが迷う原因になります。画面関係を整理して不要なリンクは外しましょう。

●ユーザーが円滑に目的を達成できるか

ユーザーは目的を達成するためにプロダクトを利用します。その目的を適切にカバーし、無駄なく迷わず達成できることを意識して、導線や UI を設計します。

●ユーザーの求める情報を最適なタイミングで提供できているか

　最も必要な情報が奥深い階層に配置されていたり、実行した処理が完了しているか判断できない状況は、ユーザーのストレスにしかなりません。ユーザーの目的から情報に優先順位を付けて、必要な情報がすぐに見つけられる、タイミング良く表示されるように調整します。

　上記に加えて、ユースケースやワークフローから導き出した、ユーザーとプロダクト間で行われるインタラクティブなタスクがスムーズに流れることを意識して、構成を考えます。タブ型で実装するATMアプリの場合は、以下の図となります（図2.21）。

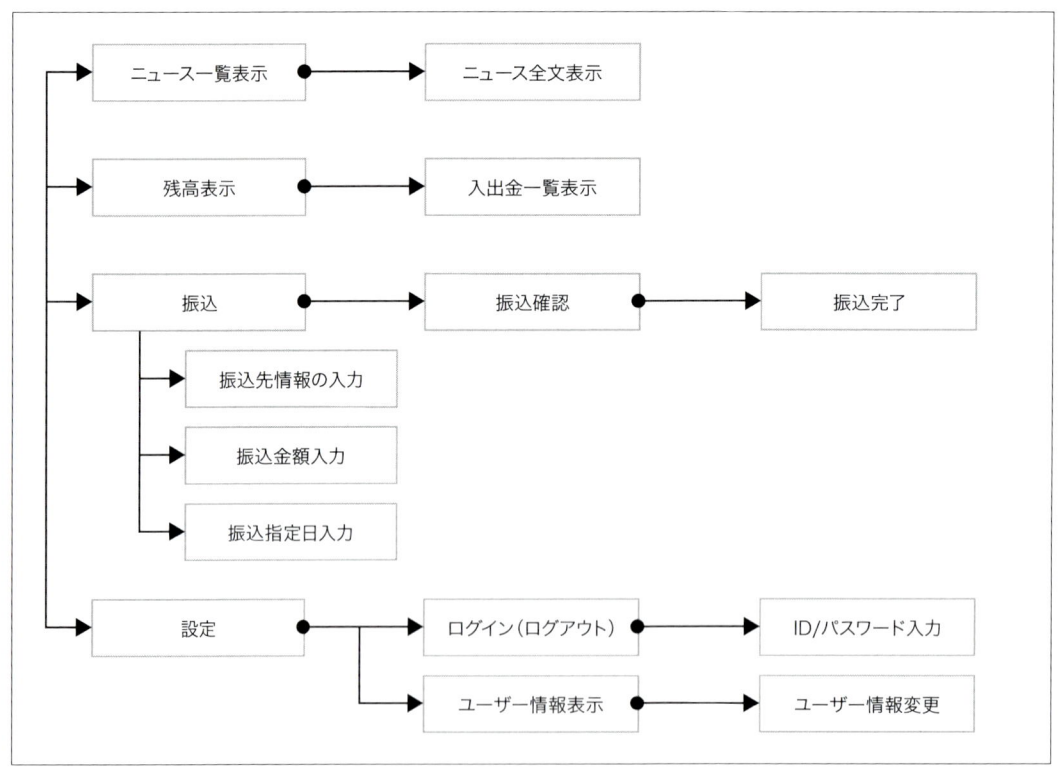

図2.21 ATMアプリ画面フロー

　なお、上記はアプリ構成を分かりやすく説明するため、極力シンプルな機能ベースの構成としています。しかし、実際にATMアプリを実装する場合は、セキュリティにも十分に考慮する必要があります。銀行口座などの情報は最上級レベルの個人情報だからです。そのため、アプリケーション起動時や各情報表示などで、必要に応じてパスコードロックでの認証を必須とすべきでしょう。

2-3-4　個別プロトタイプ作成

　プロトタイピングでは、すべての画面をプロトタイプとして作成する必要はありません。全体構成と根幹となるナビゲーションと画面フローが決まったら、作成画面の優先順位を決めます。コア機能や複雑な画面などに高い優先度を割り当てます。特に、下記の画面は必ず作成しましょう。
　なお、下記の画面はそれぞれ複数の案を作成することをおすすめします。UI 設計に迷ったら既存のパターンをヒントにプロダクトの構成を検討して、プロトタイプを設計しましょう。

●コアとなる機能・コンテンツを有する一連の画面

　プロダクトのメイン機能やコンテンツが表示される画面と、その操作や遷移フローが確認できる最低限の画面は必ず作成しましょう。ユーザーの利用シーンから、メインとなる機能やコンテンツが実装される画面を選定し、プロトタイプを最優先で作成します。

●複雑な画面

　実装機能や表示情報が複雑な画面も優先します。複雑な画面になるほど、レイアウトや画面フローに機能の抜けや画面遷移の矛盾などのミスが発生しがちです。また、実装後に修正となった際のコストも、単純な画面と比べると大きくなります。ペーパープロトタイピングの段階でトライ＆エラーを繰り返し、実装前にしっかりと詰めておくべき画面です。

機能・問題別プロトタイプ作成

　作成する画面や各画面の優先順位が決まれば、その優先順位の高いものからプロトタイプを作成していきます。ATM アプリの場合は、メイン機能でも特に必須機能として優先順位の高い「残高照会」、「振込」の画面は必ず作成します。例として、「振込」機能を説明します。
　振込機能での特に大きな問題に誤送金が挙げられます。銀行口座からの振込なので、比較的大きい金額を、取引先や通販の販売元など第三者の口座に振り込むこともあります。ここで間違って送金を確定してしまうと取り返しが付きません。

　まずは、フィッシュボーン図を使い誤送金を分析しましょう。フィッシュボーン図は、曖昧な問題を、問題と原因、対策にブレイクダウンし、俯瞰するためのツールです。複雑な問題を見える化して複数の解決アプローチを探ることができます。フィッシュボーン図の詳細は「3-3 fladdict 式ツール＆メソッド」（P.111 参照）で説明します。

誤送金のフィッシュボーン図は次の通りです（図2.22）。

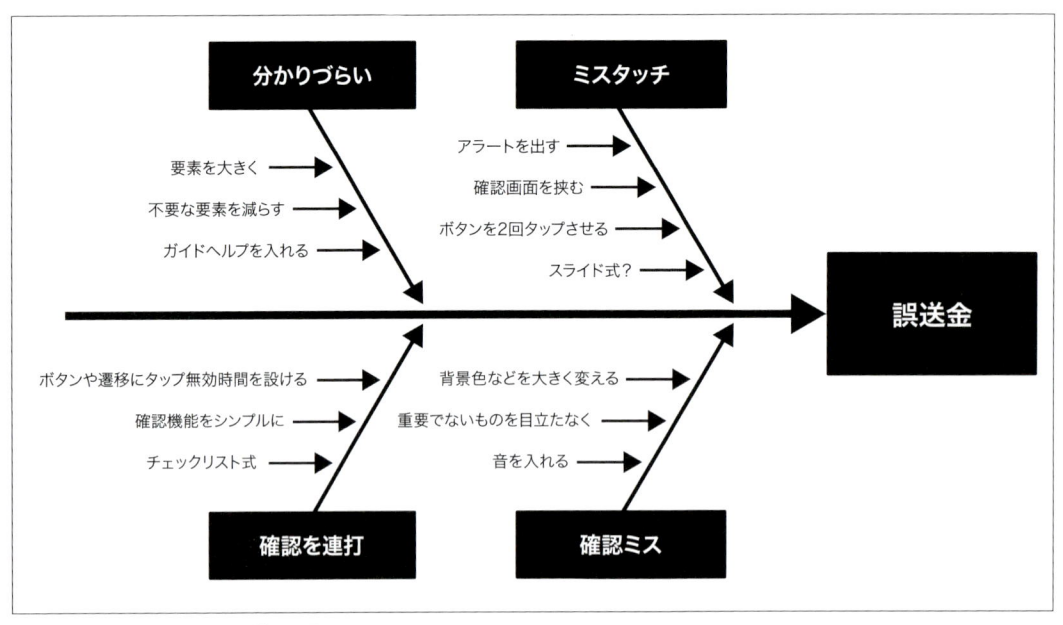

図 2.22 誤送金のフィッシュボーン図

上図を踏まえて、振込の送金確認画面のプロトタイプを3パターン作成します。

●案01: 通常の送金ボタンタイプ

確認画面に金額、送金先が表示され、通常のタップボタン形式で送金とキャンセルを選択させます。案01のプロコンリストは以下となります。

Pros	Cons
・明解	・1画面作成する工数が必要 ・ミスタップが発生し得る

表 2.19 プロコンリスト（通常の送金ボタンタイプ）

金額や送信先も表示されており、処理の確認内容が明解です。ただし、何かの拍子に送金ボタンに触れてしまうミスタップはあり得ます。

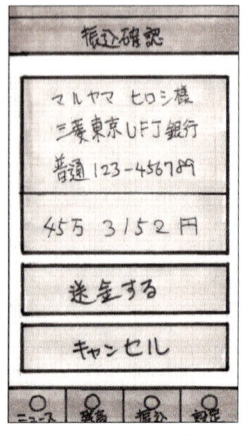

図 2.23 通常の送金ボタンタイプ

● **案 02: ダイアログタイプ**

　画面を作成せずに、ダイアログで確認するシンプルなパターンです。案 02 のプロコンリストは次の通りです。

Pros	Cons
・実装工数小 ・スタンダード	・金額、その他の情報が見えない ・うっかり押しがあり得る

表 2.20 プロコンリスト（ダイアログタイプ）

　他案と比べて実装工数は最小となります。比較的重要でやり直しができない決定にも関わらず、内容の確認ができないのが問題になります。また、ダイアログの場合は、メッセージを読まずうっかり [OK] をタップしてしまう可能性も懸念されます。

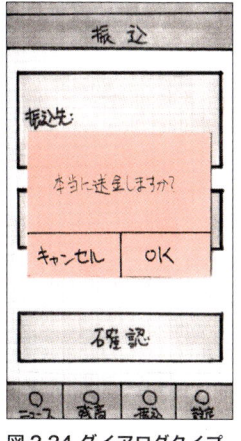

図 2.24 ダイアログタイプ

● **案 03: スライドボタンタイプ**

　案 01 とほぼ同じ内容ですが、送金確定のためのボタンを、iPhone のロック解除と同じスライド式に変更したものです。案 03 のプロコンリストは以下となります。

Pros	Cons
・ミスタップが発生しない ・独自性が高い	・1 画面作成＋スライド UI 作成工数が必要

表 2.21 プロコンリスト（スライドボタンタイプ）

　実装コストが掛かるものの、前述の 01 案や 02 案と比較すると、ミスタッチを防げる可能性が高いことがメリットです。

　送金という非常にシビアな処理を決定する画面であり、ミスタッチは取り返しが付きません。この画面では送金ミスが発生しないことが最優先と判断します。そのため、ミスタッチが発生しないスライドボタンを実装する 03 案が最も適していると言えます。

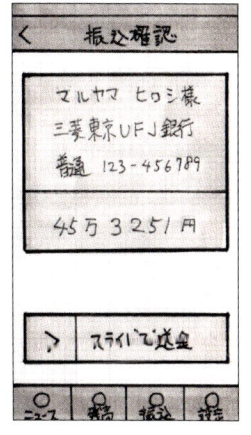

図 2.25 スライドボタンタイプ

　上記の通り、1 つの課題に対して手早く複数の案を作成し、それぞれの長所短所を比較していきます。プロトタイピングの目的の 1 つに「早い段階で何度も失敗して改善を重ねること」があ

ります。プロトタイプの時点で完璧な正解を導く必要はありません。もちろん、十分に検討することは必要ですが、悩み過ぎてプロトタイプ作成に時間が掛かり過ぎると本末転倒です。まずはスピード重視で複数のプロトタイプを作成し、各案の検証と改善を繰り返しましょう。

2-3-5 動作モック作成

　本節で作成したペーパープロトタイプを、プロトタイプ作成ツールを使って動くモックに変換します。実際の端末で動作させて、大まかなレイアウト感やサイズ感、遷移やインタラクションなど、プロダクトの使い勝手や手触りを確認します。

　この工程でもビジュアルデザインや細部にこだわらないことが重要です。無理に「Photoshop」や「Illustrator」などを使いペーパープロトタイプを清書する必要はなく、写真やスキャンでデジタルデータ化したペーパープロトタイプを端末に表示させるだけでも役割を果たします。

　作成したATMアプリのペーパープロトタイプ画像をスキャンして動作モックを作成します（図2.26）。プロトタイプ作成ツール「POP」(https://popapp.in/)を使って、次の画面（図2.27）をそれぞれのボタンタップで画面遷移するように関連付けていきます。なお、POPでのプロトタイプ作成方法は「4-1-2 POPを使ったプロトタイプ作成フロー」（P.124参照）で紹介します。

図2.26 Web上の動作モック（https://popapp.in/projects/5388e8c3b0b56d973d28591d/preview）

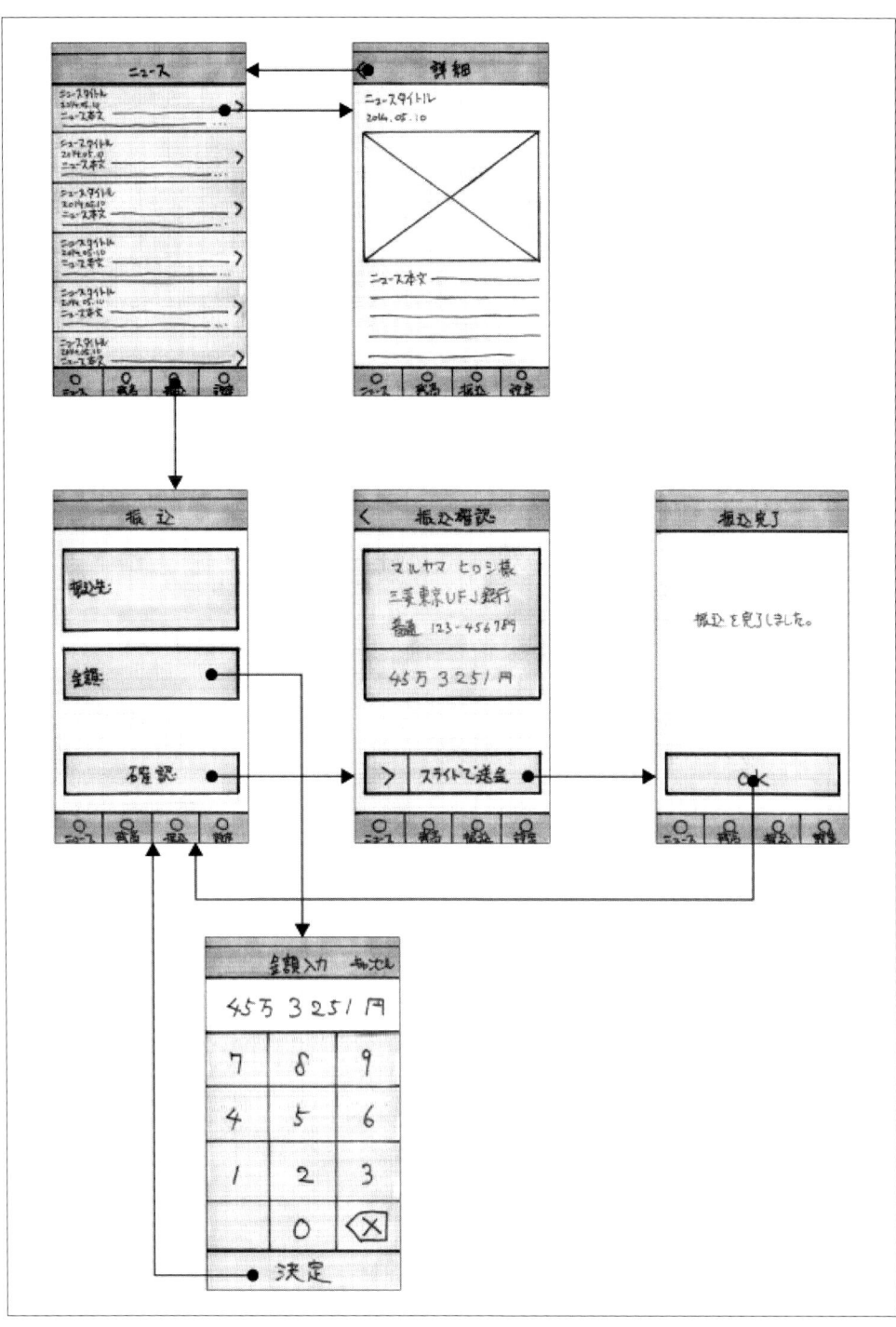

図 2.27 動作モック画面

2-3 プロトタイピング

この通り、「POP」などプロトタイピングツールを利用すると、紙に書いたプロトタイプでインタラクティブ性も検証できます。ただし、一部 UI の動きは厳密に表現できない場合もあります。

インタラクションデザイン

　画面フローや画面構成と同時に、シナリオや各要件からユーザーアクションと対応するフィードバックといった、インタラクションも検討します。

　インタラクションとは、ユーザーの操作（アクション）に対するプロダクト反応（リアクション）、場合によっては反復されるユーザーとプロダクト間で発生する相互作用を指します。インタラクションデザインは、特に Web サイトやスマートフォンアプリなどのプロダクトにおける使い勝手の向上で、重要なポイントとなります。ユーザー操作とその反応との関係を最適化することで、ユーザーの学習コストを減らし、効率や生産性を向上させることができるからです。

　また、ユーザーが初めて使うプロダクトは複雑で使いにくいと感じられることが多々ありますが、インタラクションが適切にデザインされたプロダクトは、初見でも迷うことなくスムーズに使い始めることができます。以下にインタラクションデザインにおけるポイントを説明します。

●ユーザーが直感的に使えるか

　ユーザー操作に対して、プロダクトがユーザーの期待通りに適切に反応をするように設計します。両面遷移や UI 要素は、その役割に相応しい自然な振る舞いをデザインしましょう。ユーザーが予期しないリアクションや違和感を抱く振る舞いをしていないか注意します。

●一貫性、連続性はあるか

　プロダクト内の各インタラクションは一定のルールに則ってデザインします。また、ユーザーとプロダクトのやりとりが反復する場合にリアルタイムで連続的に反応する連続性についても、きっちりと担保されているかを意識します。

●可逆性は担保されているか

　ユーザーの操作に対して、プロダクトのリアクションが一方通行になっていないか注意しましょう。ユーザーが1つ前の操作や画面に戻りたい場合に、スムーズに戻れる可逆性にも注意してインタラクションを検討する必要があります。

忠実度の調整

　プロトタイプでどこまで実現するか、その作り込みの範囲は検討が必要です。当然ながら、忠

実性を高めると、プロトタイピングのコストは上がります。一方、忠実度を下げるとコストも下がりますが実物感も低下します。検証の目的に合わせてプロトタイプの忠実度を調整しましょう。

例えば、ATMアプリの動作モックで、左右遷移やポップアップ、モーダルなどは比較的簡単にプロトタイピング作成ツールでカバーできます。しかし、前述のスクロール表現などプロトタイプでの実現が難しいUIもあります。

プロトタイピングで細かい動作をどこまで再現できるかは、利用するプロトタイプ作成ツールによって異なります。そのため、どのような機能が必要なのかもプロトタイプ作成ツール選択の判断基準となります。

ただし、意味なくプロトタイプの忠実度を上げるために、高価で高性能なツールを購入したり、プロトタイプ作成に時間を掛ける必要はありあません。例えば、テストでユーザーが動作モックを触っている最中に、口頭の説明で目的を達成できるのであれば問題ありません。無駄にリッチなプロトタイプをコストや時間を掛けて作成する必要はありません。

プロトタイプでのアニメーション表現

複雑なアニメーションを伴う動きは、簡易プロトタイプツールで手早く表現できません。そこで、「Adobe Flash」や「After Effects」などでのアニメーションも手段の1つです。細かいアニメーションを表現できるため、クライアントと認識を共有する意味では有効な手段です。

ただし、これらのツールで作成したアニメーションは純粋な動画として見せるだけになります。タップやフリックなどのアクションで操作できるわけではありません。厳密にはプロトタイプとは定義できず、単なるアニメーションサンプルの位置付けになります。

しかし、静止画面や単純な動きのみの動作モックを見せながら、クライアントなどの意思決定者に「ここをタップすると、このアイコンがゆっくりと右に移動しながらフェードアウトして、その後にこの画像が回転して...」などと言葉で説明しても正確には伝わりません。結果として、実装時に何度もリテイクが発生しがちです。さらに、そのリクエストを受けてエンジニアが何度も細かくチューニングする作業も発生します。実際に動くアニメーションサンプルがあれば、動きやタイミングなど、言葉で表現できない情報が伝わるので、クライアントとの認識の齟齬を防ぎ、エンジニアの無駄な工数の発生を抑えることができます。

アニメーションのプロトタイプは、このような事態を防ぐために、意思決定者とUIデザイナー、実装するエンジニアを繋ぐ、有効な認識共有ツールと言えます。

2-3-6　クライアントとのペーパープロトタイピング

　本章では、ペーパープロトタイピングの実施メンバーとしてクライアントの参加も想定しています。しかし、すべての受託プロジェクトで、ペーパープロトタイピングにクライアントを巻き込むべきなのでしょうか。同じペーパープロトタイピングでもチームメンバーのみで実施するケースと、外部の人間が加わるケースでは勝手が違います。本項では、ペーパープロトタイピングにクライアントが参加するメリットとデメリットを説明します。まず、下記のメリットがあります。

●高いレベルでプロダクト像の認識合わせができる

　クライアントが、デザイナーやエンジニアなどプロジェクト関係者とお互いの考えを述べながら作業するため、高いレベルで認識を擦り合わせることが可能です。レイアウトやUIデザイン、インタラクションなど、さまざまな面でクライアントとの認識違いがなくなり、後々の手戻りを減らすことができます。また、作成したプロトタイプが、そのまま議事録やワイヤーフレームの役割も果たすため、資料作成の手間も省くことができます。

●クライアントの潜在要件、ニーズの洗い出しができる

　クライアントと共同作業は、ヒアリングでは聞き出せない潜在的なニーズや要件を引き出すチャンスです。クライアントが自ら手を動かして作成するからこそ気付く潜在的要望もあるからです。

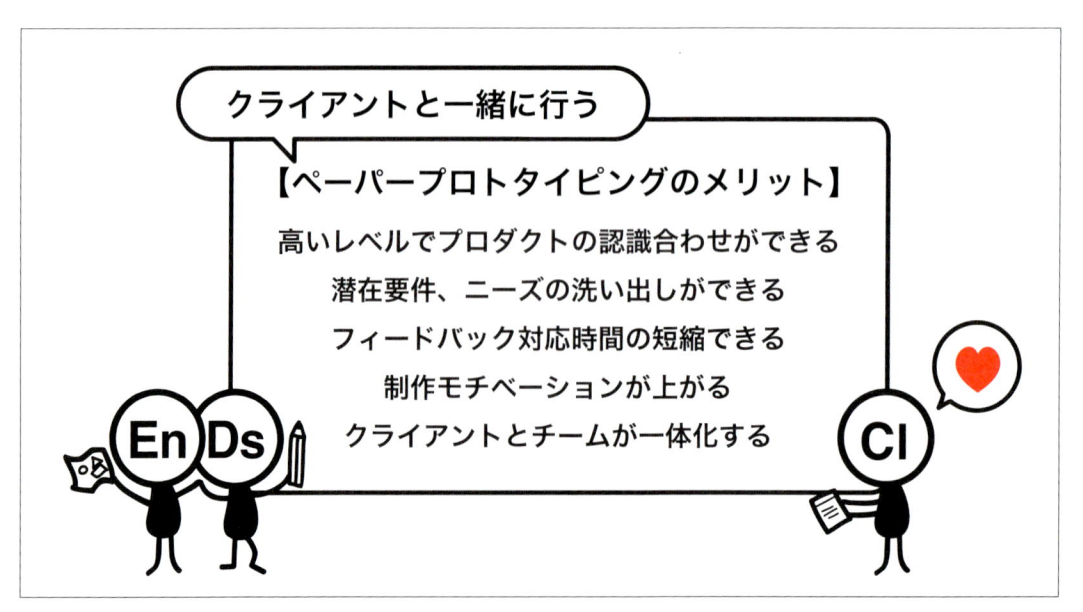

図2.28 クライアントとペーパープロトタイピングを行うメリット

●フィードバック対応時間の短縮になる

　クライアントからその場で即座にフィードバックが得られるので、すぐに軌道修正ができます。また、デザイナーやエンジニアなど制作サイドの担当者が同席することで、伝言ゲームで発生しがちな認識の歪みや情報の抜け落ちなどの問題も減少します。

●制作モチベーション向上

　クライアントと関係者が一緒に考えながら作業するので、クライアントの参加意識を喚起できます。また、クライアントの「発注業者に任せておけばいい」、プロジェクトマネージャの「設計者や現場のメンバーに任せればいい」、デザイナーの「クライアントやプロジェクトマネージャの要望通りにデザインすればいい」、エンジニアの「設計書通りに実装すればいい」といった他人任せの考えがなくなり、クライアントも含めたメンバー全員の責任感が強まり、チーム全体の制作モチベーションの向上に繋がります。

●クライアントとチームの一体化

　全員が同時に手書きで作業するため、純粋に設計プロセスそのものを楽しむことができます。また、達成感と連帯感を共有でき、クライアントとのアイスブレイク的な役割を果たしてくれます。

　クライアントとの信頼関係を構築することで、プロトタイピング実施時のみではなく、その後のフェーズでもクライアントからの賛同が得やすくなるなど、コミュニケーションを円滑にする効果があります。

　上記の通り、クライアントを巻き込んで実施するプロトタイピングには、強力なヒアリングツールとしての側面もあります。また、クライアントに参加意識を喚起し、開発チームとの距離を縮めて、潜在的なニーズを引き出せるところにも真価があります。

　上記の大きなメリットに加えて、もちろんクライアントが参加することによって生じるデメリットも存在します。

●時間・コストが掛かる

　ペーパープロトタイピングはその実施に相応の時間を要しますが、特にクライアントを交えたプロトタイプ作成は、チームメンバーなど手慣れたメンバーのみで実施するケースに比べて、さらに多くの時間を必要とします。メンバーの拘束時間は長くなり、場所も制限が厳しくなるため、コストがかさみます。また、長時間に渡り複数人で協議しながら、頭を使って物を作る作業は、体力的にも消耗が厳しいものです。

●参加者全員が同じ場所に集まる必要がある

　クライアントとメンバー全員が同じ場所に集まる必要があります。ペーパープロトタイピングは、その場で話し合いながら手を動かしてプロトタイプを作成、評価することに意義があり、SkypeやTV会議などリモート参加では実質不可能な手法です。そのため、スケジュールの調整も難しく、また遠方のクライアントだと移動の時間や費用も含めてコストが掛かります。

　上記の通り、クライアント参加のペーパープロトタイピングには困難もあります。「手間が掛かった以上の成果物を必ず出す」覚悟と、途中で折れない心の強さが必要となります。
　また、クライアント参加が適さないケースもあります。例えば、極端な短納期案件でプロダクトの完成度よりもスケジュールや公開時期が最優先となる案件、クライアントの制作モチベーションが低く、最初から受託企業へ開発を丸投げするクライアントのケースでは避けるべきです。

　クライアントと共に実施するペーパープロトタイピングは、事前準備と実施にさまざまなコストが掛かりますが、その後の工程を円滑に進めることができるため、非常に有用な手法です。メリットとデメリットを十分に考慮して、その実施を検討しましょう。

2-4 検証

プロトタイプが完成したら、作成したプロトタイプの検証を行います。本節では具体的な検証方法を説明する前に、まずは検証フローから確認しましょう。

2-4-1 検証内容

検証フェーズでは、チーム内での検討やユーザーレビューを繰り返します。設計者が漏らしてしまった仕様やフローのチェック、あらゆる機能の使い勝手を再確認します。その結果、問題がある箇所は再び新しい仮説を検討し、プロトタイプを再構築し満足な結果が出るまで、何度も検証を繰り返しUIを決定します。

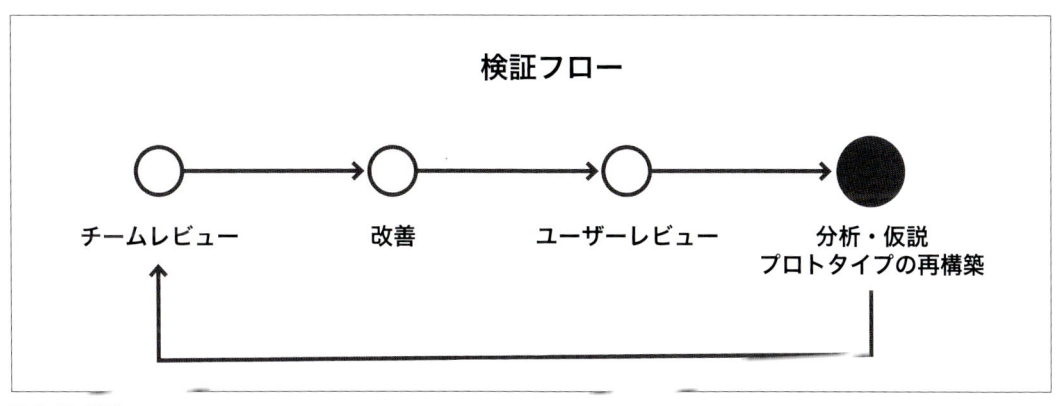

図2.29 検証フロー

なお、レビューは思考発話方で実施します。思考発話法とは、ユーザー視点でUIの問題点や原因を探索するための調査手法です。タスクの実行中に、考えていることやUIを理解していく認知過程を、その都度発言しながらプロトタイプを操作してもらいます。その発話と実際の操作や行動を合わせて評価・分析し、UIの問題点やなぜ使いにくいのか、なぜ失敗したのかなど、具体的な問題点を洗い出します。

チーム内でのレビュー

メンバーやクライアントなどプロジェクト関係者で、確認と利用シミュレーションを行い、検証結果や意見を取り入れてブラッシュアップします。レビューでは主に以下の項目を確認します。

●ペルソナの要望を満たしているか

ペルソナが目的を達成できているかを意識します。また、目的の達成だけではなく、これまで以上に短時間かつ効率的に達成できているか、素晴らしい体験を提供できているかも考慮します。

●機能・コンテンツの漏れや遷移矛盾はないか

定義されている機能やコンテンツに漏れがないか、画面遷移先の間違いや前の画面に戻れないなど、遷移に問題がないか確認します。特に、ポップアップ・ローディングなど常時表示されない要素には注意しましょう。

●シナリオに対して最適な UI になっているか

シナリオ通りに流れ、目的を達成できる最適なフローと UI であるか確認します。作成したペルソナ、利用シーン、シナリオと照らし合わせて必要な機能やコンテンツに抜けがないか、逆に無駄なものまで実装していないか確認します。

プロジェクトマネージャ、クライアント、エンジニアなど、プロジェクトに関連する人間を幅広く集めて、プロダクトのコンセプトに沿っているか、ビジネス的な問題解決、要件の抜け落ちや実装可否など、さまざまな側面からのフィードバックを得ましょう。
また、チーム内レビューは以下を目的として実施します。

●第三者視点でのレビュー

設計者以外の人間が設計を確認することで、見落としや矛盾などの問題点を確認できます。バイアスが掛かっているため設計者が気付かない点を洗い出すことで、品質向上に繋がります。

●技術的観点からのレビュー

エンジニアと共有して技術的観点からのレビューを実施すれば、画面遷移や情報の流れ、機能が分かります。実装可否も確認でき実装フェーズでの手戻りを削減できます。

●ユーザーレビュー、ユーザビリティテストの準備

ユーザーが実際に触ってみないと評価できない点や重要だと思われるポイントを洗い出します。

後述のユーザーレビューやユーザビリティテストなど、第三者のチェックで実施する内容を検討する場にもなります。チームレビューで明らかに問題と考えられる箇所は、第三者チェックの前に改善します。

ただし、プロジェクト関係者は実際のユーザーではありません。プロダクトを把握しているため、タスクフローの難解さや使い勝手の悪さなど、ユーザー視点でプロダクトの問題点を洗い出すことができない欠点があります。また、ユーザーが問題に直面した際にどのような反応をするか分からないため、改善策を立てることも困難と言えます。

ユーザーレビュー

実際のユーザーが利用している状況に近い形で行うのがユーザーレビューです。立てた仮説が正しいのか、できるだけプロダクトが実際に使用されるのに近い状態で検証します。

このレビューはユーザーに近い立場で、なるべくプロダクトの開発に関わっておらず、デザインコンセプトや設計などを把握していない人に依頼して実施します。テスト対象者は、同僚でペルソナに近い立場の人間などでも構いません。レビュー実施の場所を用意して、協力者に時間を確保してもらいます。

場所と被験者が確保できたら、「このプロダクトは何に使うものだと思いますか？」などプロダクトに関する質問や、「これはATMアプリの振込画面です。この画面から指定の口座へ指定の金

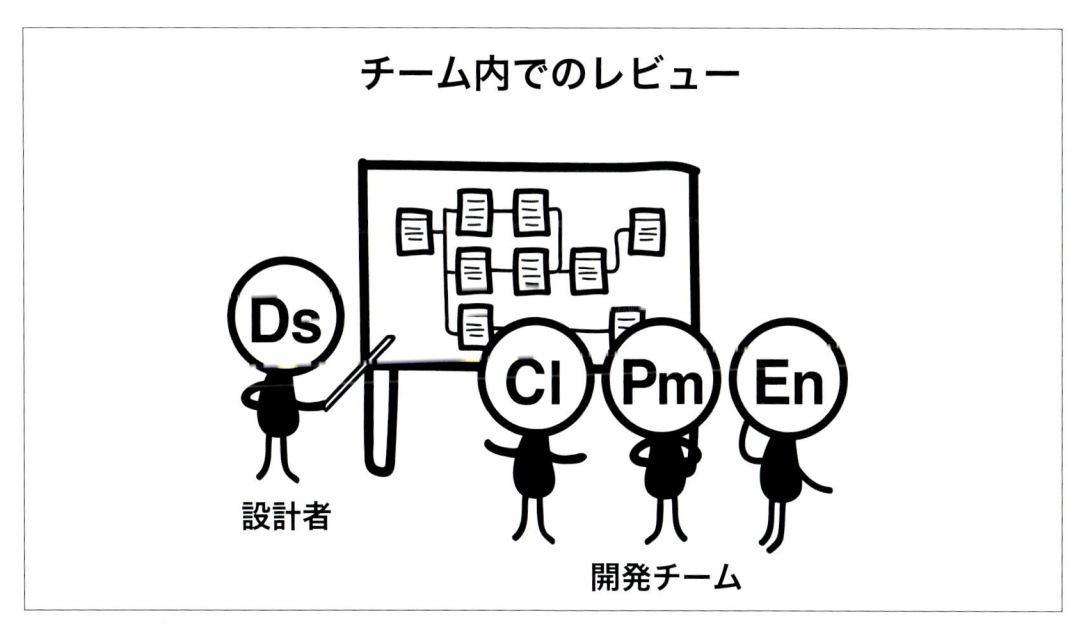

図 2.30 チーム内でのレビュー

額を振り込んでください」など、機能説明や操作を指示します。簡易的なテストシナリオを用意して、それに従って操作を行ってもらいます。

　ユーザーレビューでは、プロジェクトの詳細を知らない人間が、そのプロダクトのどのUIが理解できるのか、どの箇所が理解できないかをチェックします。また、目的を達成できなかった場合は、どのような行動からどのような結果になったのか、重要なポイントとして記録します。

　ユーザーレビューの利点は、ユーザー視点での問題点を洗い出せるため解決策を立てやすいことです。そのためチーム内レビューの欠点をカバーすることができます。ただし、被験者はプロジェクトの関係者ではないため、長時間の拘束が難しく、評価してもらう範囲が限られるのが欠点です。チーム内レビューとユーザーレビューはそれぞれの欠点を補う関係にあるため、両方を繰り返し実施し、プロダクトのブラッシュアップを図りましょう。

ユーザーレビューとユーザビリティテスト

　本項では、あえてユーザービリティテスト（P.86参照）ではなく、スピードと手軽さを重視して、何度も繰り返し実施できる簡易レビューを紹介しています。もちろん、きっちりと手順を踏んだユーザビリティテストを実施できれば、テストの精度は向上します。しかし、テスターのリクルート、会場の準備、テストシナリオ作成、テスト結果のまとめなど、正式なユーザビリティテストにはかなりの時間とコストを要します。そのため、ユーザービリティテストは小規模で時間やコストが掛けられないプロジェクトでは実施自体が難しく、すべてのプロジェクトで行えないのが実情です。

　本項で紹介したユーザーレビューは専門的なテストと比べると稚拙かもしれません。しかし、プロダクトのクオリティを向上させるのには役立ちます。なによりも予算や時間が限られているプロジェクトでも実行できます。「どんなチェックでもやらないよりはマシ」と割り切って、まずは予算や時間の許す範囲でのレビューとブラッシュアップを繰り返しましょう。

多数決で決めない

　レビューや調査、検証では、多数決に持ち込まないように徹底します。レビューや調査では、プロダクト操作中の不平と不満、どのように操作を失敗しどのような結果になったかを観察します。そのため、ユーザーやチームメンバーが提案する「解決案」はあくまで参考として扱います。

　ユーザーが「○○機能が欲しい」と要望する場合では、本当に○○機能を欲しがってるケースと、ある動作がうまくできないので、場当たり的に思い付いた解決策として○○機能を欲しがってる

ケースがあります。レビューや検証でユーザーやチームメンバーから多く要望された意見であることを理由に、安易に取り入れてはいけません。失敗の観察結果をもとに、UIデザイナーが解決策を考えるよう徹底すべきです。

2-4-2 ペーパープロトタイプ検証

本項では、ペーパープロトタイプでの具体的な検証方法を説明します。設計が期待通りに働くか、UIを理解できるかをペーパープロトタイプを使って確認します。

ペーパープロトタイプのチーム内レビュー

まずは、チーム内でレビューを実施します。プロジェクト関係者内でペーパープロトタイプのレビューを実施する場合は、ペーパープロトタイプをホワイトボードに貼り出すか、机の上に並べて、プロトタイプ画面を一覧して流れを確認します。参加人数が多い場合はプロジェクタなどに映して、紙芝居的に流れを確認する方法も検討しましょう。

設計者のプロトタイプ説明を受けながら全体フローを確認し、開発チームメンバー全員でプロトタイプのレビューを行います。

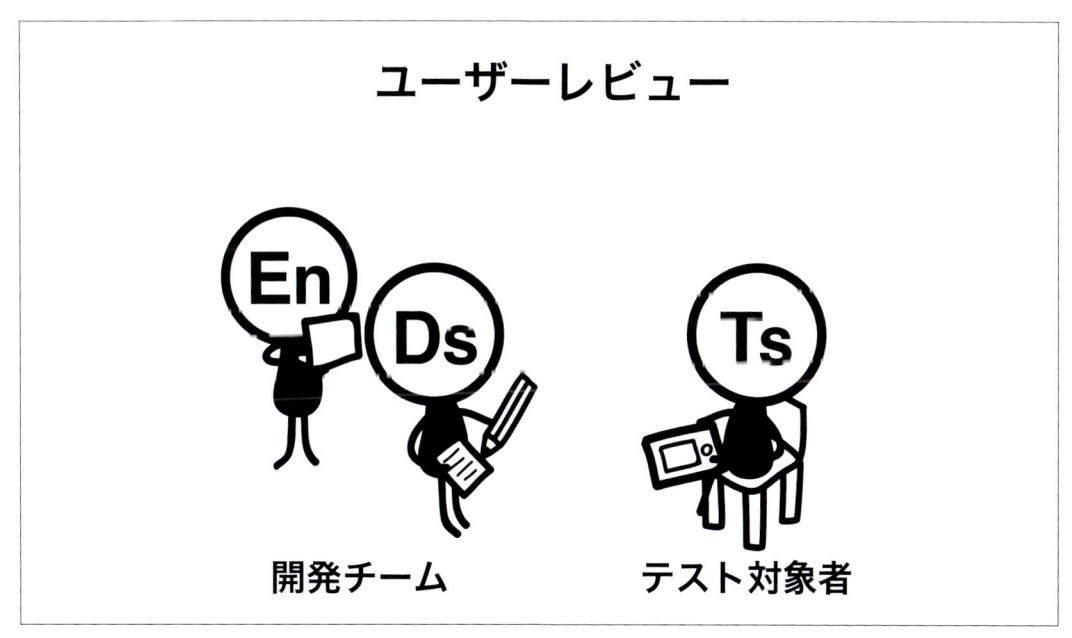

図2.31 ユーザーレビュー

例えば、ATMアプリでは、作成した4つのタイプ別画面や3パターンの送金画面をそれぞれの案ごとに机の上に並べます。作成者がそれぞれの案の意図や違いなどを解説し、チームメンバー全員で共有、検討します。

また、ペルソナが実際に利用することを想定して評価する必要があります。ウォークスルーを

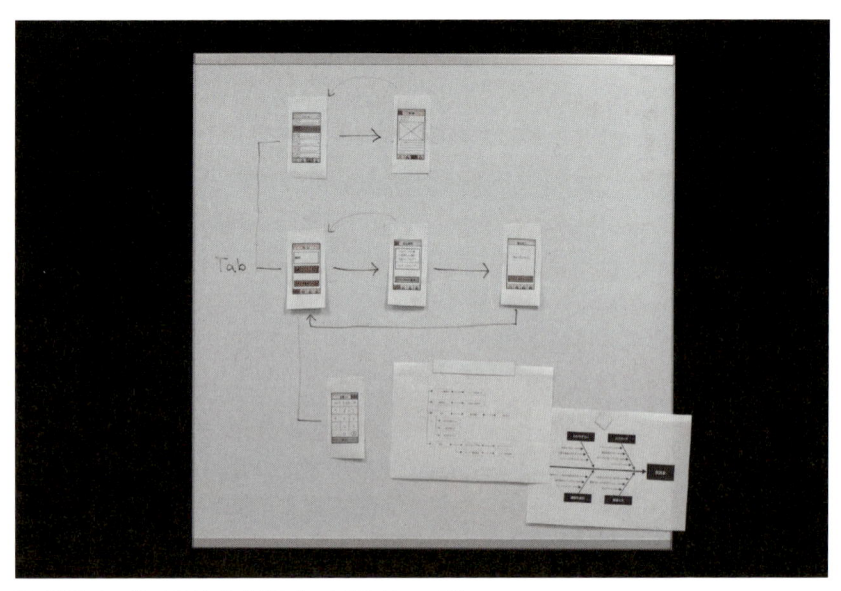

図2.32 ペーパープロトタイプのチーム内レビュー01

図2.33 ペーパープロトタイプのチーム内レビュー02

行い、ペルソナが目的を達成する手順とプロダクトの振る舞いや機能、UIを理解できるかを確認します。メンバーからユーザー役とコンピューター役を選んでシミュレーションを行います。ペーパープロトタイプは紙なので動きません。そのため、ユーザー役のメンバーが紙のプロダクトを操作し、コンピューター役のメンバーがその操作に合わせてペーパープロトタイプを動かしながら、ユースケースに合わせてシミュレーションを行います。

例えば、ATMの送金フローでは、ユーザー役が送金画面の金額入力ボタンをタップすると、コンピューター役がそれに合わせて金額入力画面を出します。もちろん、金額を入力しても数字が反映されるわけではありません。ペーパープロトタイプで反映できないシーンでは、コンピューター役が口頭でフォローします。

より問題を具体化するには、レビュー用の簡易シナリオも用意します。ATMアプリの場合では、「ニュース詳細画面を表示する」「○○口座に○○円振り込む」などの行為を擬似的に行い、ユーザーが迷わず目的を達成できるかを検討します。

上記のフローで繰り返し検証しながら、ペーパープロトタイプを追加・修正を繰り返します。ペーパープロトタイピングのフットワークの軽さを活かして、スピード重視でどんどん作業を進めましょう。UI要素やコンテンツを把握できれば、不格好なもので問題ありません。

ペーパープロトタイプのユーザーレビュー

ペルソナに近い人間に依頼して、実際の利用状況に近い状態でユーザーの使い勝手を検証します。ユーザーレビューの場合はチーム外部に依頼するため、拘束時間は短く制限も多くなるため、効率的に実施できるように下準備と工夫が必要です。事前にポップアップなど常時表示しない要素も含め、検証に必要な画面がすべて揃っているか確認します。

ユーザーにはペーパープロトタイプを使ってシミュレーションを行ってもらいます。チーム内レビューのシミュレーションと同様、ユーザー操作に対するフィードバックは、プロトタイプ検証依頼者がコンピューター役として対話と手動で行います。どのボタンを押したらどの画面に遷移するなど、ユーザー操作の結果として表示される結果画面を、コンピューター役の人間がコントロールしてユーザーに提示します。

また、チーム内レビューと同じシナリオに基づいたレビューも実施します。実際のユーザーに近い人間が触ると、開発チームが予想もしていない操作と結果になる場合も多いためです。

なお、次項に紹介する「POP」などのプロトタイプ作成ツールで、ペーパープロトタイプをデータとして取り込んだ動作モックを作成できます。動作モックを利用することで、ペーパープロトタイプをコンピューター役なしにテストすることが可能です。

図 2.34 ペーパープロトタイプのユーザーレビュー

2-4-3　動作モック検証

「POP」などのプロトタイプ作成ツールで作成した、実際に触って動くモックアップを使って検証します。動作モックが用意できない場合は、プロトタイプ画像一式を遷移順に並べてプレビュー表示するだけでも効果があります。スマートフォンの場合は「写真」アプリ内に遷移順通りに並べフリックで遷移を表現しましょう。また、iOS アプリの場合は、Keynote を使うのもおすすめです。Keynote のモーションは iOS 標準のモーションと同様の動きをするものが多いからです。

動作モックでのチーム内レビュー

チーム内レビューでは、ペーパープロトタイプと比較しながら動作モックと差異がないかを確認します。また、動作モック上でボタンを押したり、スマートフォンの場合は画面をフリックするなどして画像を遷移させ、全体の流れを確認します。

実機上でのレビューは、レイアウト、ボタンやテキストのサイズ感に問題がないかなど、使い勝手や手触りを確認し、問題点の改善とレビューを繰り返します。ペーパープロトタイプでの検証と同様、見た目を重視する必要はありません。

図 2.35 動作モックでのチーム内レビュー

動作モックでのユーザーレビュー

　ペルソナに近い人間に、実際に実機を触ってもらって UI を理解できるか、迷わず操作して目的を達成することができるかなどを検証ます。理解できない箇所、改善点の洗い出して改修していきましょう。特にレイアウト、サイズ感や操作のしやすさといった実機での使い勝手を重点的に確認します。ペーパープロトタイプのユーザーレビュー同様、ユーザーテスト用のシナリオが用意できれば、より精度の高い検証結果を得ることができます。

検証と開発スケジュール

　本項では説明の都合上、「ペーパープロトタイプでのチーム内レビュー」、「ペーパープロトタイプでのユーザーレビュー」、「動作モックを使ったチーム内レビュー」、「動作モックを使ったユーザーレビュー」の順で解説しましたが、すべてをこの順番通りに実施する必要はありません。

　例えば、チーム内でペーパープロトタイプと動作モック検証の両方を一気に実施して、ユーザーレビューは動作モックのみ実施すると、小規模プロジェクトでは効率的です。
　また、「分析・仮説」→「プロトタイピング」→「検証」のフローを何度か繰り返してある程度仕様が詰まり、軽微な使い勝手のチェックと最終確認のみが必要な状況であれば、動作モックのみの検証でも問題ありません。どのような検証を実施するかは、プロジェクトの規模やスケジュー

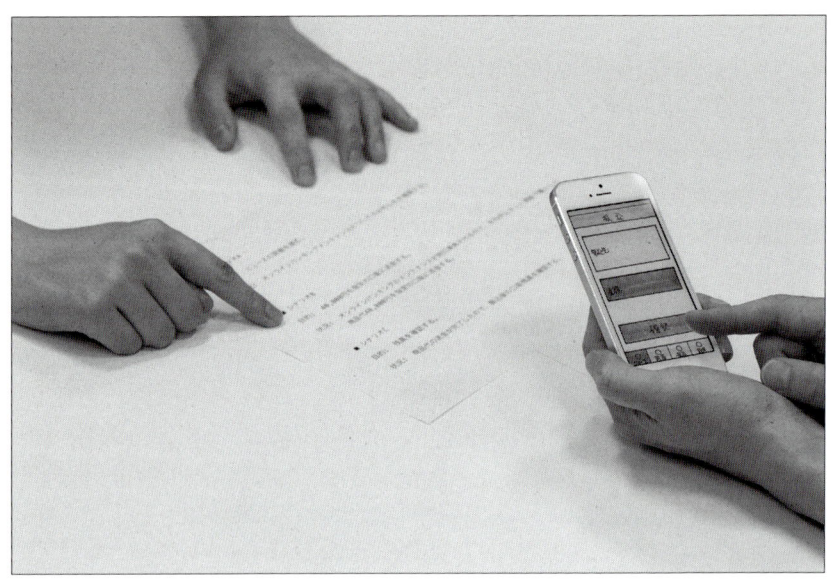

図 2.36 動作モックでのユーザーレビュー

ル、その時の状況に応じて決めることをおすすめします。

　検証と改善のプロセスをどの程度繰り返すかは、スケジュールとの兼ね合いとなります。可能な限りレビュー期間も考慮したスケジュールを組むことをおすすめします。実装フェーズが差し迫っている状態でも問題が残っている場合もあります。しかし、致命的な問題ではない限り、スケジュールを遅らせるべきではありません。問題の重要度とスケジュールのバランスを考慮すべきです。

　プロジェクトの早い段階で多くの関係者を巻き込み、仮説、プロトタイピング、検証、改善のサイクルを繰り返します。このサイクルを何度も重ねてプロダクトを最適化して、最終的な UI 設計とデザイン案を決定することで、プロダクトの完成度を向上させることができます。

2-4-4　ユーザビリティテスト

　本章の検証では、身近なペルソナに近い人物で簡易レビューを実施する想定で説明しています。しかし、時間と費用を掛けられるのであれば、正式なユーザビリティテストを実施することで、より詳細な検証データを収集できます。本項ではユーザビリティテストの手順を紹介します。

テストシナリオ作成

　分析・仮説フェーズで作成した、ペルソナとユースケースそして利用シーンをベースにテストシナリオを作成します。ユーザーの「目的」と「状況」を設定し、テストで実施する範囲を決めます。例えば、ATMアプリでユーザビリティテストを実施する場合は、以下のシナリオを用意します。

シナリオA

目的: ニュースの詳細を読む。

状況: オンラインバンキングメンテナンスについてのお知らせを確認する。

シナリオB

目的: 40,000円を指定の口座に送金する。

状況: オンラインバンキングのメンテナンスが明日実施されるので、本日中にネット通販で購入した商品代40,000円を指定の口座に送金する。

シナリオC

目的: 残高を確認する。

状況: 商品代の送金が完了したので、振込後の口座残高を確認する。

図2.37 テストシナリオ

Chapter 02

テスト計画とスケジュール

　用意したシナリオに合わせて、テスト実施に必要な時間、機材、場所、人材、費用を洗い出します。それに合わせて、実施場所と日時、確保すべき機材と手配するテスト被験者数などを決めます。また、被験者1人のテストに要する時間だけではなく、被験者の入れ替えや休憩など、テスト全体の流れを考慮してスケジュールを立てます。

　例えば、テスト内容や思考発話法、機材操作の説明など最低限必要なオリエンテーションからテストの実施、インタビュー、そしてクロージングまで45分間を要するテストを、5名のテスト

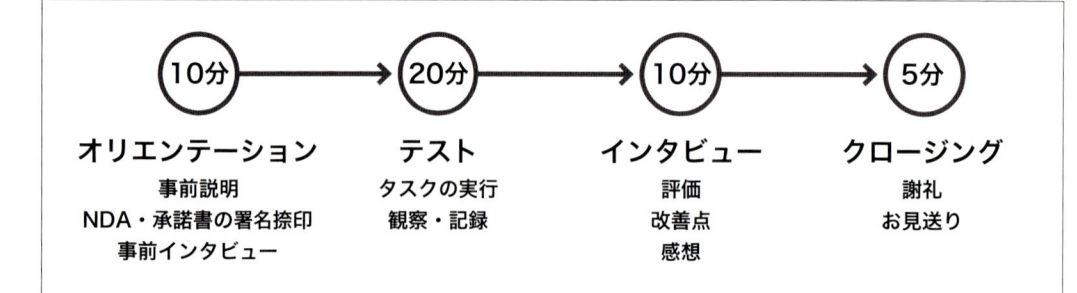

```
10分 → 20分 → 10分 → 5分
オリエンテーション    テスト         インタビュー      クロージング
事前説明           タスクの実行    評価            謝礼
NDA・承諾書の署名捺印  観察・記録     改善点          お見送り
事前インタビュー                    感想
```

テストスケジュール

10:00〜10:45 Aさん
10:45〜11:00 機材のリセット、テスト被験者の入れ替え
11:00〜11:45 Bさん
11:45〜12:00 機材のリセット
12:00〜13:00 休憩
13:00〜13:45 Cさん
13:45〜14:00 機材のリセット、テスト被験者の入れ替え
14:00〜14:45 Dさん
14:45〜15:00 機材のリセット、テスト被験者の入れ替え
15:00〜15:45 Eさん
15:45〜16:30 片付け

図 2.38 スケジュール

被験者を対象に実施するケースを考えてみましょう（図2.38）。被験者の入れ替えや機材のリセット、休憩も含めるとほぼ丸1日掛かります。加えて、テスト実施後には記録のまとめ、結果のレビューを行う時間も必要となります。

　一般的にユーザービリティテストは最低でも1日、長い場合は数日に渡って開催されるケースもあります。当日のテストをスムーズに進めるため、しっかりと計画を立案しましょう。

テスト被験者のリクルート

　テスト被験者のリクルートも必要です。被験者は誰でも良いわけではありません。仮説が正しいことを検証するので、仮説で設定したペルソナに近い人物をリクルートします。求人を出す場合もありますが、基本的には知人の紹介で募集することがほとんどです。また、被験者数は5名程度にします。5名で問題の85%は洗い出すことができるからです。

　テストの内容、実施時間、謝礼などの条件は、事前に説明して合意を取り付けましょう。また、後々のトラブルを防ぐため、プロダクトやテスト内容を口外しない機密保持契約（NDA）も締結します。動画撮影許可と個人情報やテスト結果の利用方法を明記した承諾書も用意し、機密保持契約と合わせてテスト被験者に確認と署名捺印をお願いします。

人材、機材、場所の確保

　被験者の他に、テストを観察する観察者、テストの進行管理や被験者に質問するファシリテータを確保します。また、動作モックではなくペーパープロトタイプでテストを実施する場合は、コンピューター役も必要となります。

　また、動作モックでテストを実施する場合は、被験者が操作するテスト用固定端末やスマート

図2.39 リクルート

フォン、テスト内容を撮影するカメラ、撮影映像の表示端末など必要な機材を用意します。

　テスト実施の場所として会議室などのスペースも確保します。可能であれば2部屋を用意し、1部屋でテスト、別の部屋でテストの様子をカメラ越しに観察します。マイクロフォンを用意して、別室の観察者からファシリテータへ指示が出せると、よりスムーズに進めることができます。

　別室を用意できない場合は、パーティションで仕切った別席を用意し、カメラで撮影して保存するなどの配慮が必要です。複数の人間に操作をのぞき込まれると、テスターは緊張しがちです。通常の利用状況に近い心理状態で操作してもらわないと、正確な結果が得られません。

　また、何らかの理由でスケジュールが遅延した場合に備え、機材、場所、人材は余裕を持って確保し、可能であれば予備日も設定しましょう。機材や場所を確保できない、もしくは本格的な機材を揃えて実施したい場合は、テストを実施するための設備が整ったユーザービリティテスト専用の施設を借りることも検討しましょう。

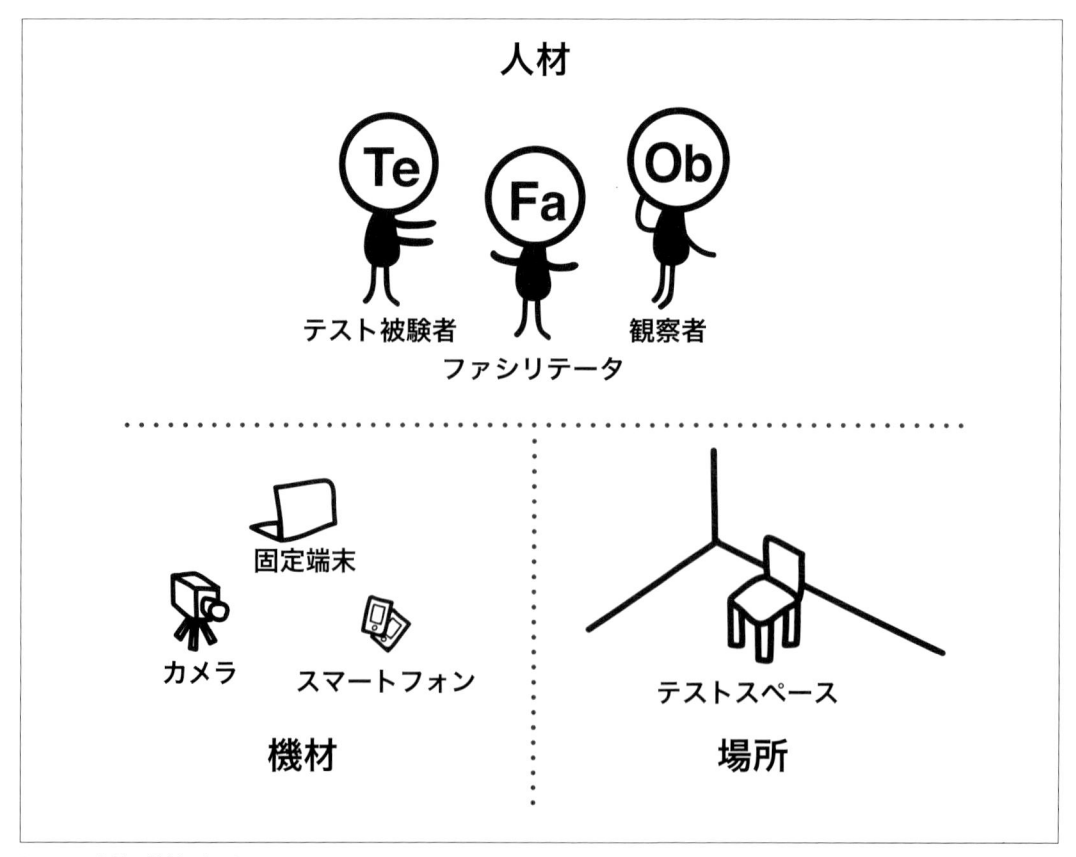

図 2.40 人材、機材、場所

テスト実施

用意したテストシナリオ通りにファシリテータがテスト被験者へ指示を出し、テストを進行させます。ファシリテーションのポイントは、プロダクトの機能やその使い方、手順は説明せずに、あくまで目的を伝えて行為を促すように心掛けることです。

例えば、ATMアプリの振込機能をテストする際、金額の入力を指示するケースでは、以下の説明を行います。

○ 振り込む金額を40,000円にしてください。

下記のように、機能名や操作箇所をはじめ、具体的なアクションを指示してしまうと、ユーザビリティテストの意味がなくなります。

× 金額ボタンをタップして金額入力画面を表示し、テンキーで40,000を入力選択して決定ボタンをタップしてください。

スマートフォンでテストを行う場合、被験者が実機を手で保持した状態で実施すると、操作風景を安定して撮影することができません。歩きながらの操作が必要ないのであれば、テスト開始

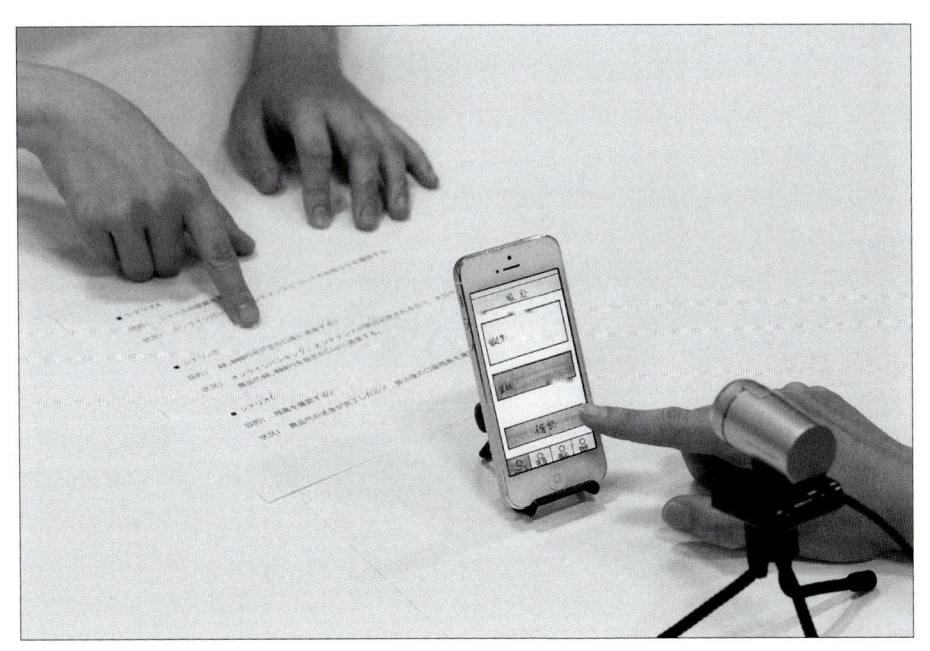

図2.41 スマートフォンの固定

前に、スマートフォンとカメラをデスクなどに固定します（図2.41）。

　被験者が使い方に迷っている様子があっても、機能や操作のヒントを与えたり誘導しないように心掛けます。例えば、「タスクを完了できなかった」結果はもちろん、「タスクAを処理したかったが、タスクBを処理する画面を表示してしまった」結果も同様に重要です。
　また、被験者から使い方やUI、コンテンツ内容に関する質問があっても答えず、「どのように使うと思いますか？」など、被験者が質問時に考えていることを報告してもらうように促します。

　さらに、ファシリテータは、ユーザビリティテスト中に被験者に下記のような質問を投げかけて、捜査中にユーザーが何を考えているかを聞き出すように心掛けます。

- これは何をするものだと思いますか？
- 今何をしようとしていますか？
- あなたにとって○○という文言は何を意味していますか？
- ○○ボタンは何をするものだと思いますか？
- 次は何をしますか？
- ○○ボタンを押したら期待通りの動きをしましたか？
- 期待通りの動きをしていないのであれば、どのように動くと思いましたか？

「金額を入力するにはどのボタンを押したらいいのかな？」など、被験者が考えていること、UIを理解していく認知過程などを、その都度話しながらプロトタイプを操作してもらう思考発話法も有効です。
　テスト中は、観察者がその様子を観察し詳細に記録します。ただし、ユーザーの操作やプロト

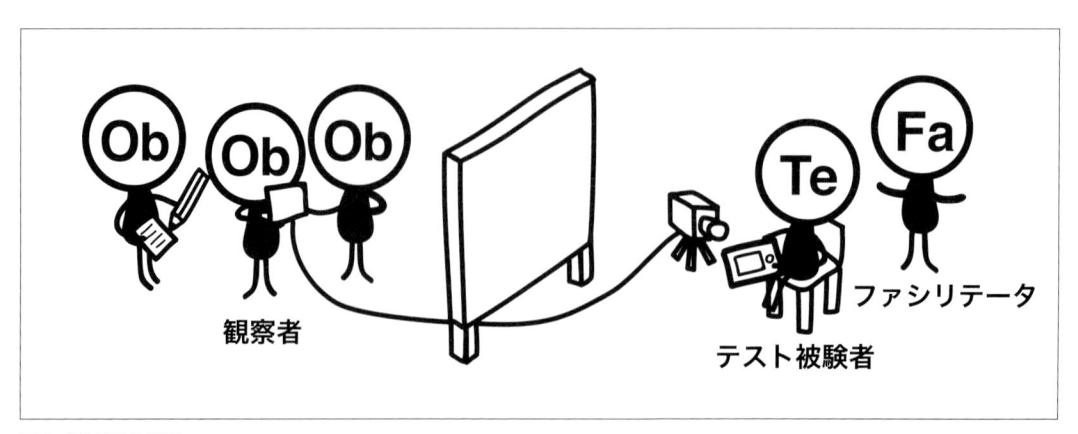

図 2.42 テスト風景

タイプの動きなどは予想以上に速いものです。全体の流れを細かく筆記で記録することはほぼ不可能と言えます。また、メモを取ることに追われて、肝心のユーザーの動きを見逃してしまうのは本末転倒です。そのため、必ず複数の観察者を手配し、明確な記録が残るようにビデオで撮影して録画します。テスト当時の状況や会話なども残るため、後々に「なぜそのような結果が出たのか」など、テストの経緯を思い返す際に役立ちます。

　なお、被験者からのフィードバックは発話思考法からのみから得られるものではありません。眉をひそめたり目をこらすといった表情、首をかしげたり急に操作を中断するなど挙動にも注意しましょう。

　テスト終了後は、テスト中に観察者が記録したレポートと撮影した動画をもとに分析し、テスト結果のレビューと改善を実施します。結果のレビューでは、被験者の意見やコメントを鵜呑みにしないように注意しましょう。ユーザビリティテストの目的は、あくまで被験者の行動やミスそのものを観察することです。被験者の要望を改善案にそのまま反映させないように徹底します。

　もちろん、最後のインタビューでテスト被験者から「ここにこういった情報を追加して欲しい」「ここのボタンを大きくした方が良いのでは？」など具体的な案が出る場合も多々あります。しかし、そうした意見には主観的な評価や場当たり的な解決策も多く、根本的な問題解決やプロダクトの品質改善に繋がらないケースがほとんどです。

　上記の通り、本格的なユーザービリティテストには相応の時間とコスト、そして労力が必要になります。実際にここで説明した内容のテストを実施すると、プロダクトやテストの規模にもよりますが、数十万から百万を超えるコストが掛かります。テストの実施とレポート作成、さらにそれに基づいた改善策の検討などには、最低でも数日は必要となります。1つのプロジェクトで、そこまで潤沢に予算や時間を確保することはなかなかできないのが現実です。プロジェクトの予算や開発スケジュールに合わせて、最大の効果が出るように計画的かつ効率的に実施しましょう。

まとめ

- プロダクト開発は、基本的に企画（調査、企画、要件定義、UXデザイン）、デザイン（UI設計、画面デザイン）、実装（プログラミング、テスト）、公開（公開・納品）の流れで進む。

- デザインを[分析・仮説（情報収集・問題発見・解決策の仮説設定）]→[プロトタイピング（問題解決案の具体化）]→[検証（解決案の評価・問題点の抽出）]を反復する循環的なプロセスで行うことで、PDCAサイクルを加速させる。

- リサーチはユーザーの目的やプロダクトが使われるであろう環境、状況、現状のプロダクトへの不満などから、ユーザーのプロダクトに対するニーズを知るために行う。

- なぜそのプロダクトを使うのか、既存のプロダクトに対してなぜそのような不満や要望があるのかといった「理由」や、ただ目的を達成できたのかだけではなく、その結果に満足しているのかといった「結果」に着目する。

- 問題の解決策の仮説は「who（対象ユーザー）」「when、where（状況）」「what（目的・ゴール）」「how（手段）」「why（理由）」の5w1hをベースに考える。

- プロトタイプに実装する要素は「リスト化」「グルーピング」「構造化」の流れで整理する。

- ユーザーが行いたいことが円滑に達成できるか、ユーザーの求める情報を最適な方法とタイミングで提供できているかといった、ユーザー視点で使いやすいことを基準に画面フローやプロトタイプを作成する。

- プロトタイピングは早い段階で何度も失敗して改善を重ねることができるよう意識する。

- チーム内でのレビューでは「ユーザーモデルの要望を満たしているか」「機能漏れや遷移矛盾はないか」「シナリオに対して最適なUIになっているか」などを中心に確認していく。

- ユーザーレビューはユーザーに近い立場の人間で、プロダクト開発に関わっていない人を対象に実際のユーザーが利用している状況に近い形で実施する。

- チーム内レビューでは、ユーザー視点でのプロダクトの問題点を洗い出すことができないので、実際のユーザーに近い視点で行うユーザーレビューでその欠点をカバーする。

- レビューや調査・検証では解決案を多数決で決めない。また、ユーザーの意見や要望を鵜呑みにしない。ユーザーの観察結果をもとに、UIデザイナーが考える。

Chapter 03

● ペーパープロトタイピング

Chapter 03

3-1 ペーパープロトタイピングの道具

　本章では、ペーパープロトタイピングの具体的な作成方法を解説します。まずは、ペーパープロトタイプ作成に必要な道具から説明します。

3-1-1　紙

　「ペーパー」プロトタイピングの言葉通り、ペーパープロトタイプ作成には「紙」が必須です。
　ペーパープロトタイピングで使う紙は、A4サイズの紙や大型のポストイットが一般的です。プロダクトの実寸で描けるサイズのものであれば、基本的にはどのような紙でも構いません。しかし、下書きで何度も描いたり消したりすることも考えると、破れにくいしっかりとした紙がおすすめです。ただし、サインペンやマーカーを使うことや、完成後にスキャンすることを考慮すると、質の荒い再生紙などは避けた方が無難です。

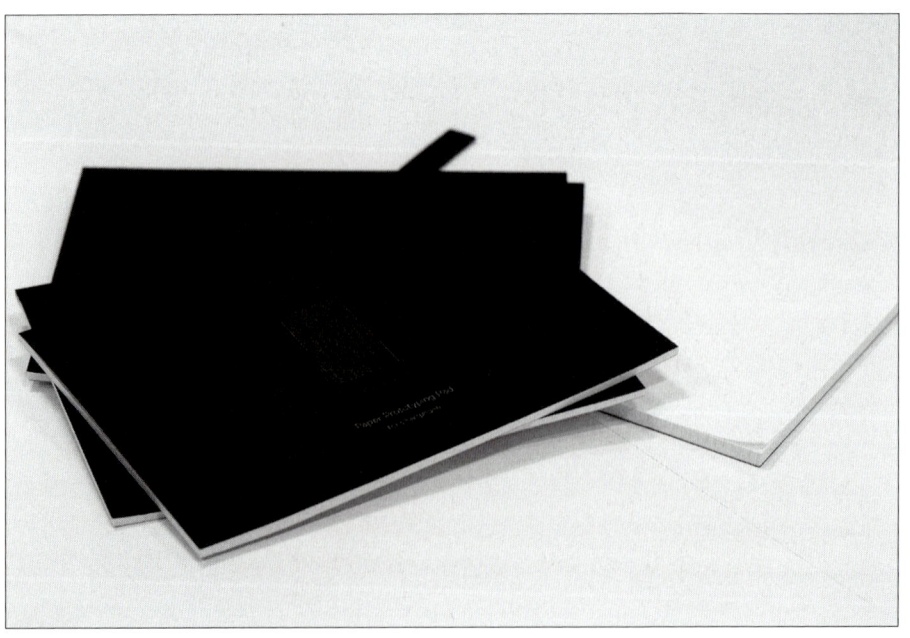

図 3.1 紙

また、直線を引いたり複数行のテキストを記述するケースでは、無地では曲がったり歪んでしまうことがあります。グリッドやドットなどのガイドが用意された紙が描きやすいでしょう。加えて、ゼロから描くとかなり時間が掛かるため、プロダクトの枠（実機画面）があると作成時間を短縮できます。例えば、iPhone/iPad向けのアプリやWebサイトのペーパープロトタイプ作成では、「ペーパープロトタイピングパッド」をおすすめします。ペーパープロトタイピングパッドに関しては「3-3-1 fladdict式ペーパープロトタイプ作成ツール」(P.111参照)で紹介します。

なお、必要な枚数は作成する画面数やサイズにもよりますが、切り貼りしたり失敗した場合の予備を含めて、多めの枚数を用意しましょう。

3-1-2　ペン・マーカー

下書きには鉛筆シャープペンシル、仕上げや清書にサインペンとマーカーを使います。

鉛筆・シャープペンシル

下書き用の鉛筆やシャープペンシルです。芯ホルダーなど消しゴムで消せるものであれば構いません。使い慣れたものを選びましょう。ステッドラー製図用シャーペンなど、芯が細めで消しやすいものをおすすめします。

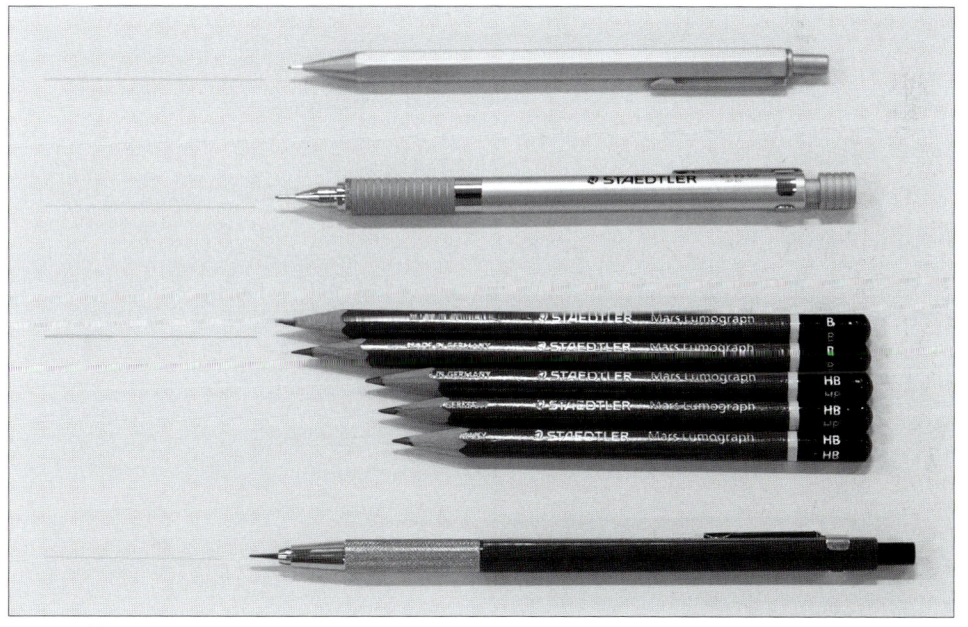

図 3.2 鉛筆・シャープペンシル

サインペン・マーカー

「サインペン」は複数の太さを用意しましょう。固定ナビゲーションやコンテンツといった領域を分類するため、最低でも「細い」「普通」「太い」の3種類は必要です。例えば、サクラクレパス「ピグマ」かToo「コピックマルチライナー」の0.05mm、0.3mm、1.0mmがあれば大丈夫です。

「マーカー」はボタンやタップエリア、注目させたいコンポーネントを強調する際に用います。速乾性重視で、滲まない、こすっても大丈夫なものを選びましょう。

マーカーの色は最低でも3色は必要です。基本的には薄いグレーと濃いグレーを用意し、さらにタップエリアなど押したら反応する箇所の色、警告色なども用意できると便利です。おすすめはTooコピックのセットです（色番号W1、W3、W5があればよいでしょう）。

なお、ペーパープロトタイプを複数人で作成するケースや、レビュー時の修正・追加を数人で行うこと、さらに万が一の予備を含めて同じ種類のものを何本か用意しましょう。

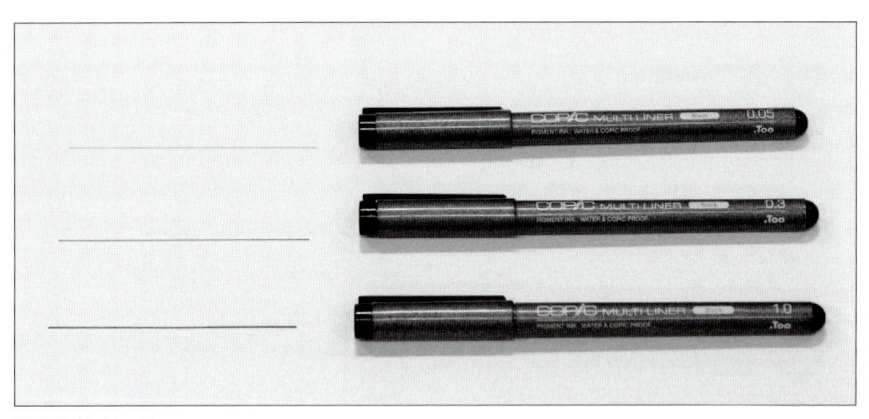

図3.3 サインペン

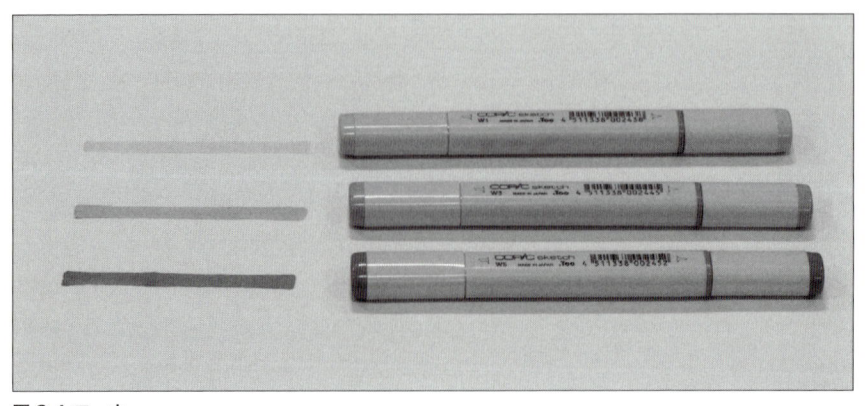

図3.4 マーカー

3-1-3　ポストイット

「ポストイット」はコンテンツの状態遷移を表現する際に必須の道具です。ポップアップやインジケータなど、常に画面に表示されないが特定の状況で表示される要素、つまりレビュー時に付け外しができる要素の作成に利用します。

大きい付箋でポップアップウィンドウをシミュレートしたり、小さい付箋でボタンのON／OFFやプルダウンなどを表現するため、複数のサイズを用意しましょう。

ポストイットも紙と同様に大量に必要になるので、パックでまとめて購入することをおすすめします。また、スマートフォンのポップアップダイアログなど一定サイズのものが大量に必要だが、ぴったりサイズがない場合は、裁断機を使って任意のサイズに切ったものを用意すると便利です。

図 3.5 ポストイット

3-1-4　型紙・ステンシル・パーツテンプレート

ペーパープロトタイピングの補助ツールとして、ポップアップやダイアログ、キーボード、ボタン、アイコンなど定型エレメント用に、型紙やステンシルを用意できると、作業速度が飛躍的に向上します。

型紙・ステンシル

型紙やステンシルを自作する場合は、実寸に印刷した各種UIコンポーネントをケント紙（厚紙）

に貼って、カッターで切ると簡単に作成できます。

また、耐久性があるものを作成するには、透明アクリルをレーザーカッターで加工したり、3Dプリンタを使って作成してもよいでしょう。

図 3.6 自作の型紙

また、「UI Stencils」(http://www.uistencils.com/) では、Webサイトや iPhone、iPad、Android 向けなどステンシルキットを購入することができます。さまざまな UI 要素の型が抜かれているので、ボタンやアイコンなどを素早く正確に描き上げるのに役立ちます。

図 3.7 ステンシル

パーツテンプレート

　フレームやナビゲーション、ボタン、アイコン、ポップアップなど、頻繁に利用するUIパーツは、「Illustrator」などで作成してテンプレート化しても便利です。PDFなどで保存すれば、必要に応じて出力してすぐに利用できます。

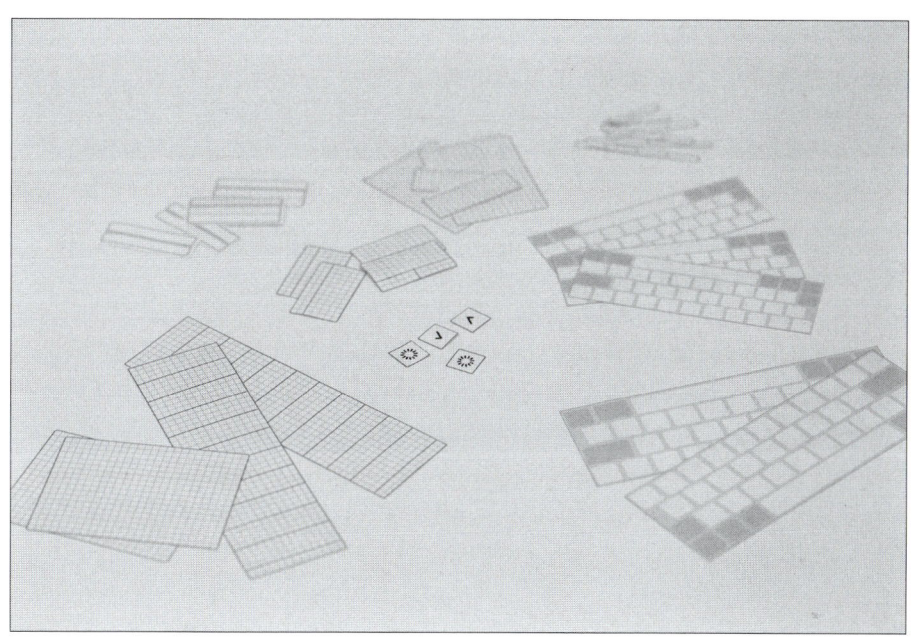

図3.8 パーツテンプレート

3-1-5　その他の道具

　ここまで紹介した各種のツール類の他に、プロトタイピングの補助ツールとして便利なものを挙げます。

定規

　領域の分割やリスト画面など、ある程度長い線を歪めずに引くために用います。透明な定規が下が透けるため比較的使いやすいです。ペーパープロトタイプでは正確な直線であることは重要ではありません。もちろん、全要素を直線と直角で作る必要もありません。制作スピードを重視して、最低限の見やすさやレイアウトを整えるために使うように意識しましょう。

Chapter 03

修正テープ

書き間違えた場合やレビュー時の修正で利用します。もちろん、修正液でも構いませんが、制作スピードを優先すると、即座に上書きできる修正テープがおすすめです。

セロテープ、両面テープ

テープはUIパーツなど個別で作った要素を貼り付けて固定するために使います。無色透明なものを用意しましょう。一時的な固定もあるので、貼ったり外したりできる弱粘着がおすすめです。なお、ポストイットは何度も使うと剥がれやすくなるので、テープで補強することもあります。

はさみ、カッター

ポストイットやパーツテンプレートを必要なサイズに切るために使います。ペーパープロトタイピングパッドなどの1枚を、複数のペーパープロトタイプに切り分ける際にも必要となります。

クリアファイル

完成もしくは作成途中のペーパープロトタイプは、パーツが外れても紛失したりしないように、

図 3.9 その他の道具

クリアファイルで管理しておきましょう。また、ScanSnapでは、専用のキャリアシートを使うことで、ポストイットなどを貼った状態でも綺麗に取り込むことができます。

その他

この他にも、ホワイトボードがあれば、作成したプロトタイプを並べて貼り出し、内容や画面遷移の検討に役立ちます。また、完成したペーパープロトタイプをカメラで撮影して共有することで、議事録やワイヤーフレームの素材として記録することができます。

加えて、コンポーネントのスクリーンキャプチャやワイヤーフレームを並べて印刷したものを用意しておくと、パーツや制作時の資料として使えるので便利です。

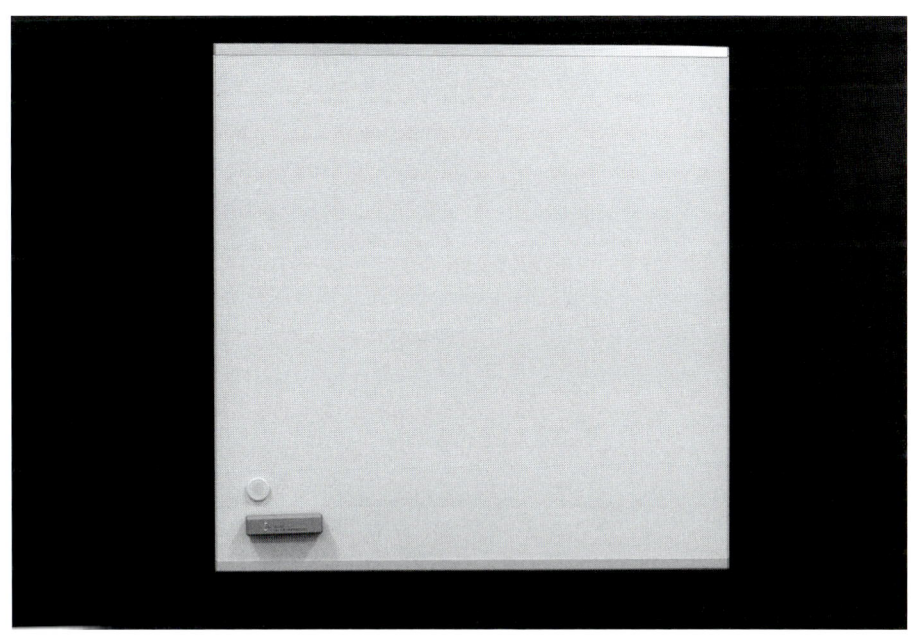

図 3.10 ホワイトボード

本項で説明した道具があると、ペーパープロトタイピングをスムーズに作成できます。もちろん、最低限のプロトタイプは紙とペンさえあれば大丈夫ですが、作業の利便性や速度を考えると、最低限ここで紹介した道具は用意すべきでしょう。

ただし、道具を多用して凝り過ぎるとペーパープロトタイプ最大の利点であるフットワークが失われます。綺麗に作成することは目的としていないので、必要以上に見た目にこだわらないよう注意しましょう。

Chapter 03

3-2 ペーパープロトタイピングのプロセス

本項ではペーパープロトタイピングのプロセスを、下書きから清書まで順を追って各フェーズのポイントを説明します。

3-2-1 下書き

下書きは設計者の発想を自由に描いて試行錯誤を繰り返すフェーズです。

基本的にスピード重視なので、鉛筆やシャープペンシルといった消しゴムで簡単に消せるツールで作成します。どんどん描いては消してを繰り返し、広範囲に可能性を試します。手戻りを恐れる必要はまったくないので、とにかく次々と描いていきましょう。この段階では設計者と一緒に作成しているメンバーさえ理解できれば構いません。

例えば、ATMアプリのニュース一覧画面と振込確認画面の下書きは下図になります（図3.11）。

下書きのポイント

下書きをベースにペーパープロトタイプを作成していくので、この段階でのミスは後々まで影響します。次のポイントを意識して下書きを作成しましょう。

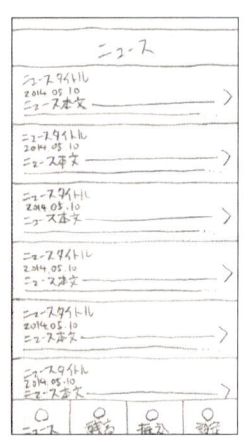

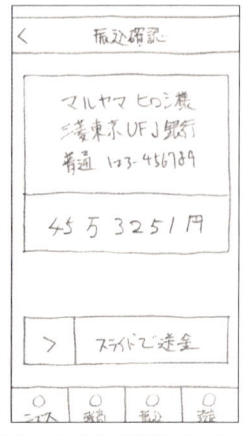

図3.11 下書き：ニュース一覧画面（左）と振込確認画面（右）

● **綺麗に作り過ぎない**

細部まで作り込まないように意識しましょう。プロトタイプの見た目を作り込んでしまうと、制作スピードが下がり、またレビュー時にビジュアルデザインの議論になりがちです。

● **少人数で作成する**

個人または数人のコアメンバーだけで実施すると、作業がスムーズに進みます。下書きレベルの作業は、意思決定と制作スピードを重視するため、作成者の人数を絞りましょう。

● **実物大で作成する**

実物とサイズが異なると洗い出せない問題があるので、プロトタイプは実物大で作成します。下書きの段階から実寸で作ることを意識しましょう。

パーツテンプレートの活用

パーツテンプレートを用意してベースを組み立てていくのも効率的です。既存プロダクトの改修や新機能追加など、ナビゲーションやリストなどのUI要素が固定化している場合や、「カレンダー」など固定の型を多用するアプリなどに有効です。よく使う枠組みをパーツテンプレートとして用意して、パーツを配置してレイアウトを取り、その上に下書きします。

図 3.12 パーツテンプレートによる組み立て

ただし、効率的とはいえパーツテンプレートに頼り過ぎることは好ましくありません。作業効率は格段に向上しますが、型が決まっているため、柔軟で自由な発想が阻害されます。時には既存の型を無視して新しいレイアウトを検討することも大切です。

フローの確認

下書きを進めながら、ペーパープロトタイプをフローの順に並べて整理します。

ある程度の数の画面で下書きが終わった段階で、作成画面を並べて画面遷移や機能・コンテンツの漏れや矛盾がないか確認しましょう。必要に応じて修正・追加などを行います。この整理は次項で説明する「清書」の前に実施します。チーム内レビューを意識して、簡単なウォークスルーを行うのもよいでしょう。

3-2-2　清書

ある程度アイデアが固まってきたら、プロトタイプを手早く清書しましょう。

清書はチームやクライアントとの共有、レビュー、プレゼンのために行います。そのため、分かりやすさ、読みやすさを重視する必要があります。また、太さや色を変える目的は、エリアの分割やタップ要素把握の目印です。

なお、清書では、「ラインが太すぎる」「色は青にしよう」などの見た目の議論は必要ありません。ビジュアルデザインは不要なので、丁寧に書くことに注力しましょう。

定規や型紙・ステンシルを使う

綺麗に清書するには、定規や型紙・ステンシルが有効です。型紙・ステンシルは「あれば便利」程度なので必須ではありませんが、チームでペーパープロトタイプを作成する場合は、品質を平均化することができます。ただし、多用するとフットワークが低下するので、重要な要素だけカッチリと線を整えましょう。

サインペン3種類で太さに差をつける

領域の分割を視覚的に分かりやすく、要素の重要度を明確にするには、ペンの太さを切り替えることが有効で、ペーパープロトタイプを見やすく作成するコツです。ペン入れでは、3本の異なった太さのペンを次のように使い分けることで、視覚的に構造化します。

- 太い：外形やヘッダー、フッター、タブなどグルーピング要素の輪郭に用いる
- 普通：ボタンやラベル、画像などコンポーネントの輪郭に用いる
- 細い：ダミーテキストなど画像要素の中身や補足的な要素に用いる

　下図は、ATMアプリのニュース一覧画面と振込確認画面の下書き（図3.11）にペン入れしたものです。上部のナビゲーションバーと下部のタブバーを固定要素として太い線で切り分けています。普通の線でその他の要素を縁取りしてボタンのラベルなどを記入し、最後に細いペンで細かいコンテンツを書いています。

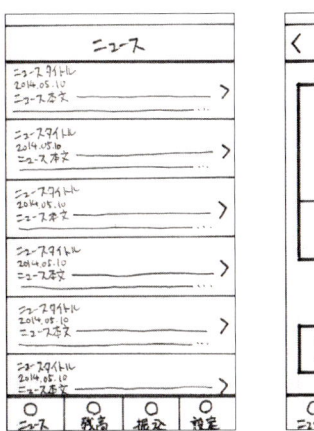

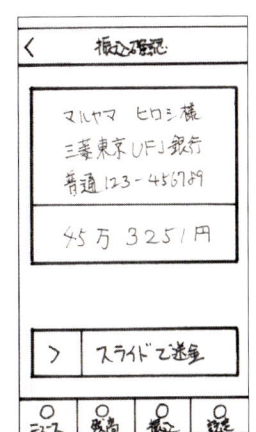

図3.13 ペン入れ：ニュース一覧画面（左）と振込確認画面（右）

マーカー3種類で濃淡を付ける

　ライン入れが終わったら、重要度や要素の違いを明確にするためにマーカーを使います。
　マーカーは「そのエリアで重要な要素」あるいは「グルーピングしたい要素」を基準に塗っていきます。分かりやすい例では、ポップアップ、ナビゲーション、タブなどです。また、決定ボタンなども必要に応じて色を塗ります。色を塗る目的は、画面要素を明確に分離、区別するためなので、装飾としての色は無視します。主に以下の目的で塗り分けます。

- 操作（クリック・タップ）可能エリアの可視化
- ヘッダーなど固定要素とスクロール要素の分離
- ポップアップなどモーダル処理時の画面ロック
- 色マーカーによる、ボタンや特別なラベルの可視化

Chapter 03

　先ほどペン入れしたATMアプリの画面（図3.13）に濃淡を付けると下図になります（図3.14）。上下の固定要素をW3で、他のボタン要素などを薄いW1で塗っています。

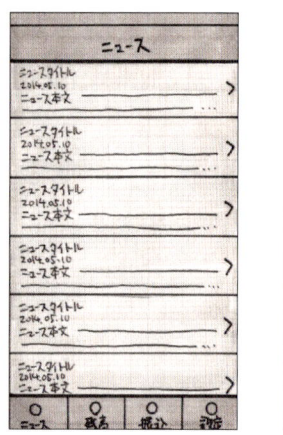

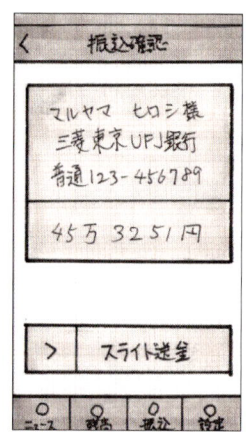

図3.14 マーカーの濃淡：ニュース一覧画面（左）と振込確認画面（右）

　最後に、他の画面にリンクさせるタップ可能エリアをもっとも濃いW5で塗っています。このタップエリアの色分けがないと、レビューの際にユーザーはどこが反応するのか分かりません。

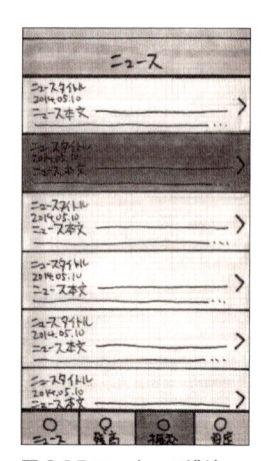

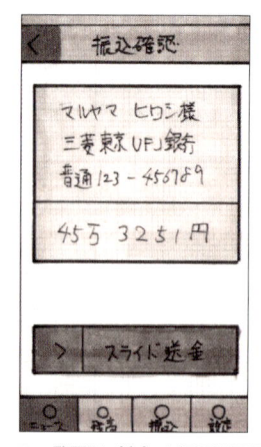

図3.15 マーカーの濃淡：ニュース一覧画面（左）と振込確認画面（右）

　ここまでの手順でペーパープロトタイプは完成です。本節で紹介したペンの太さの使い分けやマーカーの色分け方法などは、あくまで一例です。必ずこの通りに書く必要はありません。クライアントやチームメンバーへの見やすさ、分かりやすさを重視して作成しましょう。

ポップアップや状態変化をポストイットやテンプレートで作成

　ポップアップ表示やチェックボックスの切り替えなどを表現するには、ポストイットが有効なツールとなります。頻繁に利用するUIコンポーネントなどは、あらかじめ作成して用意しておきます。典型的で多用する要素を何度も描画することは冗長で、ペーパープロトタイピングのスピード感が失われてしまいます。あらかじめリソースとして用意することをおすすめします。また、「3-2-1 下書き」(P.104参照) で紹介したパーツテンプレートを作成してもよいでしょう。

　以下の要素を頻繁に利用するコンポーネントとしてリソース化することをおすすめします。

- 確認や通知のポップアップ
- スイッチやラジオボタン、スライダーのステート
- テキストフィールドなどの入力内容
- タブのステート
- キーボード（スマートフォンアプリ）

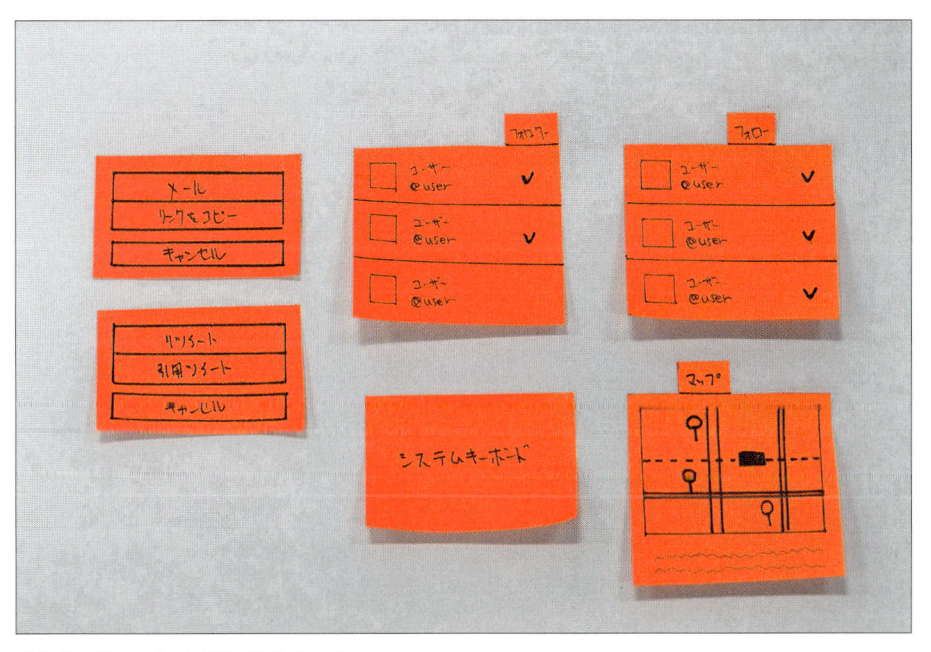

図 3.16 ポストイットで作成したパーツ

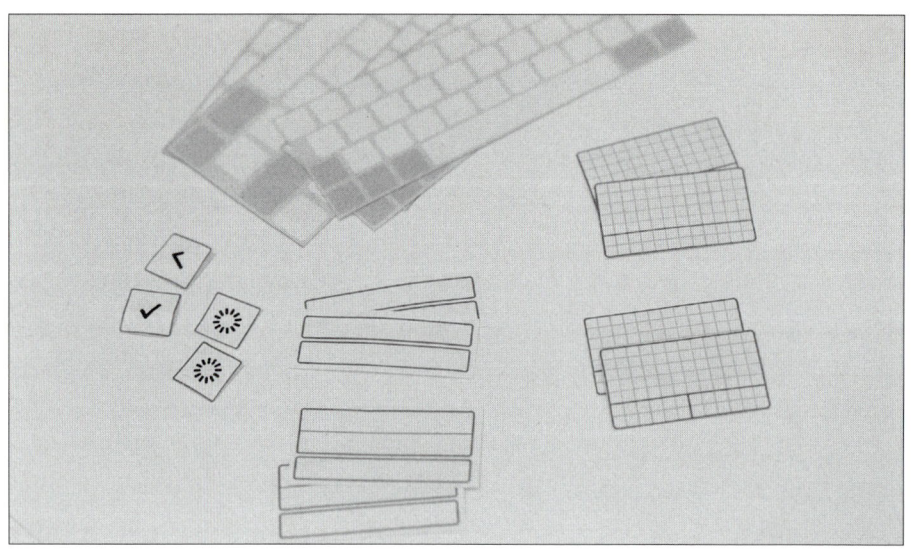

図 3.17 パーツテンプレート

ATMアプリで紹介した送金確認のポップアップは、ポストイットで作成します。

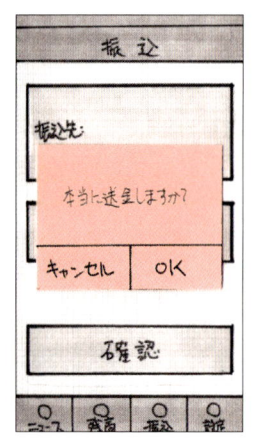

図 3.17 ポップアップパーツ：送金確認

　本節で紹介したプロセスは一例にすぎず、「Photoshop」や「Illustrator」などでの作成が得意であれば、それでも問題ありません。しかし、ペーパープロトタイプは紙に手書きで作成することを強く推奨します。なぜなら、レビューや打ち合わせの最中でも、その場でアップデートしてテストできるからです。特に打ち合わせでの仕様変更や疑問を、即座に紙でプロトタイピングして検証できることは、クライアントの信頼を勝ち取るには非常に有効な手段です。

3-3 fladdict 式メソッド&ツール

スマートフォンアプリ開発のための独自のメソドロジーとツールを開発して、日頃から活用しています（深津）。ノウハウの蓄積による生産効率と品質の向上がメインの目的ですが、メソッドやツールを作成することにより、工程を理解し最適化するバイアスが働くため、制作スキルの向上にも役立ちます。

3-3-1 fladdict 式メソッド

本項では、アプリ開発で実際に活用している「fladdict 式メソッド」を紹介します。

プロコンリスト

fladdict 式メソッドの1つ目はプロコンリストです。

プロコンリストは、長所（Pros）と短所（Cons）を並列に並べたリストで、感情や好みを排除したデザイン評価を目的に使用します。釣り合いの取れる長所と短所をセットで消去していき、どちらが重いかを量ります。例えば、プロコンリストのプロコンリストは以下の通りです。

Pros	Cons
・客観的に評価する機会を得られる ・簡単に行える ・チームで状況を共有しやすい	・感覚、感情面の評価ができない ・正確な重み付けが難しい

表 3.1 プロコンリストのプロコンリスト

長所1行目の「客観的に評価する機会を得られる」と短所1行目の「感覚、感情面の評価ができない」、各2行目「簡単に行える」と「正確な重み付けが難しい」をそれぞれセットで打ち消すと、最後に残るのは長所の3行目にある「チームで状況を共有しやすい」です。そのため、「プロコンリスト」は長所の方がより大きいと判断できます。

Pros	Cons
・客観的に評価する機会を得られる ・簡単に行える ・チームで状況を共有しやすい	・感覚、感情面の評価ができない ・正確な重み付けが難しい

表 3.2 プロコンリストのプロコンリスト（打ち消した後）

上記の通り、プロコンリストを活用することで、感覚や思い込みでの先走りにブレーキを掛け、客観的な評価の機会を設けることができます。

ステートメントシート

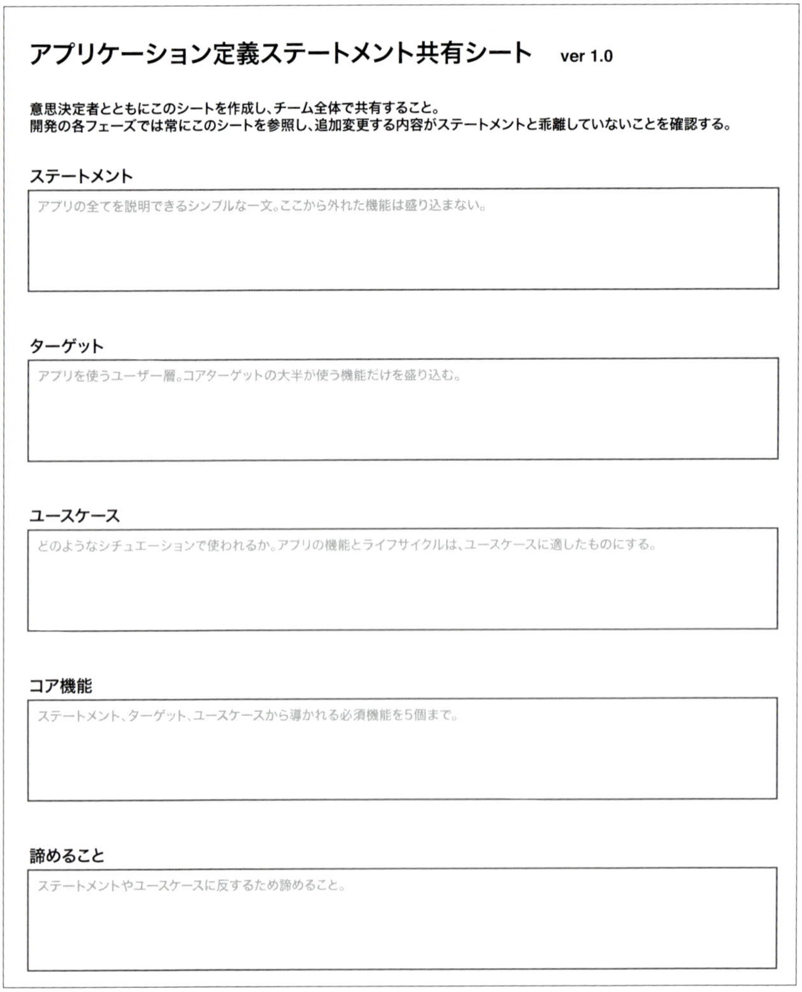

アプリケーション定義ステートメント共有シート　ver 1.0

意思決定者とともにこのシートを作成し、チーム全体で共有すること。
開発の各フェーズでは常にこのシートを参照し、追加変更する内容がステートメントと乖離していないことを確認する。

ステートメント

アプリの全てを説明できるシンプルな一文。ここから外れた機能は盛り込まない。

ターゲット

アプリを使うユーザー層。コアターゲットの大半が使う機能だけを盛り込む。

ユースケース

どのようなシチュエーションで使われるか。アプリの機能とライフサイクルは、ユースケースに適したものにする。

コア機能

ステートメント、ターゲット、ユースケースから導かれる必須機能を5個まで。

諦めること

ステートメントやユースケースに反するため諦めること。

図 3.18 アプリケーション定義ステートメント共有シート

ステートメントシート（アプリケーション定義ステートメント共有シート）とは、アプリの本質を1行で表した文章（ステートメント）と補足情報をまとめたシートで、意思決定者と共に作成し、チームメンバーで共有します。コアコンセプトをチーム全体で共有し続けるために用います。

このステートメントシートの前述のプロコンリストにすると、以下の通りです。

Pros	Cons
・工数が低い ・チーム全体で優先順位を共有できる ・アプリが本質からブレなくなる ・引き継ぎや途中参加しやすくなる	・感覚、感情面の評価ができない ・正確な重み付けが難しい

表 3.3 ステートメントシート（プロコンリスト）

開発の各フェーズでは常にこのステートメントシートを参照し、追加変更する内容がステートメントと乖離していないことを必ず確認します。また、機能変更や追加がある場合にも、この内容と食い違っていないか評価しましょう。

なお、ステートメントシートには、以下の内容を盛り込みます。

● **ステートメント**
アプリケーションの全てを説明できるシンプルな1文。これから外れた機能は盛り込まない。

● **ターゲット**
アプリを利用するユーザー層。コアターゲットの大半が使う機能を盛り込む。

● **ユースケース**
どのようなシチュエーションで使われるか。アプリの機能とライフサイクルは、ユースケースに適したものにする。

● **コア機能**
ステートメント、ターゲット、ユースケースから導かれる必須機能を5個まで。

● **諦めること**
ステートメントやユースケースに反するため、諦めること。

プレス・ファースト

　商品開発に入る前に疑似プレスリリースを作成します。プレスリリースに対するユーザーの反応をテストすることを目的としています。

　プレス・ファーストによって得た情報をベースにすることで、ユーザー視点での企画書を作成できます。プレス・ファーストも一種の強力なプロトタイピングとも言えます。

　プレス・ファーストのプロコンリストは以下になります。

Pros	Cons
・ユーザーの反応を事前に確認できる ・アプリなしにアプリの需要を計れる	・アプリそのものの正確な評価ができない

表 3.4 プレス・ファースト（プロコンリスト）

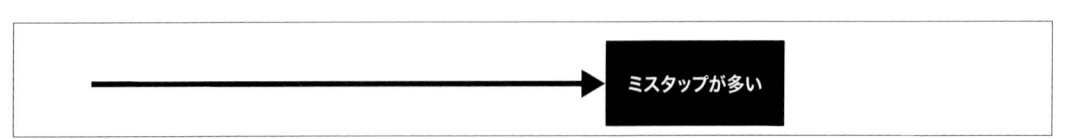

フィッシュボーン図

　フィッシュボーン図は、問題と原因を網羅するツールです。曖昧な問題をブレイクダウンすることを目的としています（図 3.19）。フィッシュボーン図のプロコンリストは次の通りです。

Pros	Cons
・複雑な問題を単純化できる ・複数の解決アプローチを探せる ・状況を俯瞰できる	・枝の精査・評価に時間が掛かる

表 3.5 フィッシュボーン図（プロコンリスト）

　フッシュボーン図の作り方を解説していきましょう。例えば、あるボタンのミスタップが多いという問題を分析する場合は、まず紙の中央右側に問題である「ミスタップが多い」を書きます（図3.19）。左から線を引きます（図 3.20）。

図 3.19 フィッシュボーン図：問題

図 3.20 フィッシュボーン図：中央線

次に、中央の線を中心に「ボタンに見えない」「隣のボタンを押す」など、ミスタップの原因を1つ1つ上下に記載して中央ラインに向けて線を引きます（図3.21）。さらに、「色が地味」「距離が近い」など原因をブレイクダウンした小原因を記述します（図3.22）。

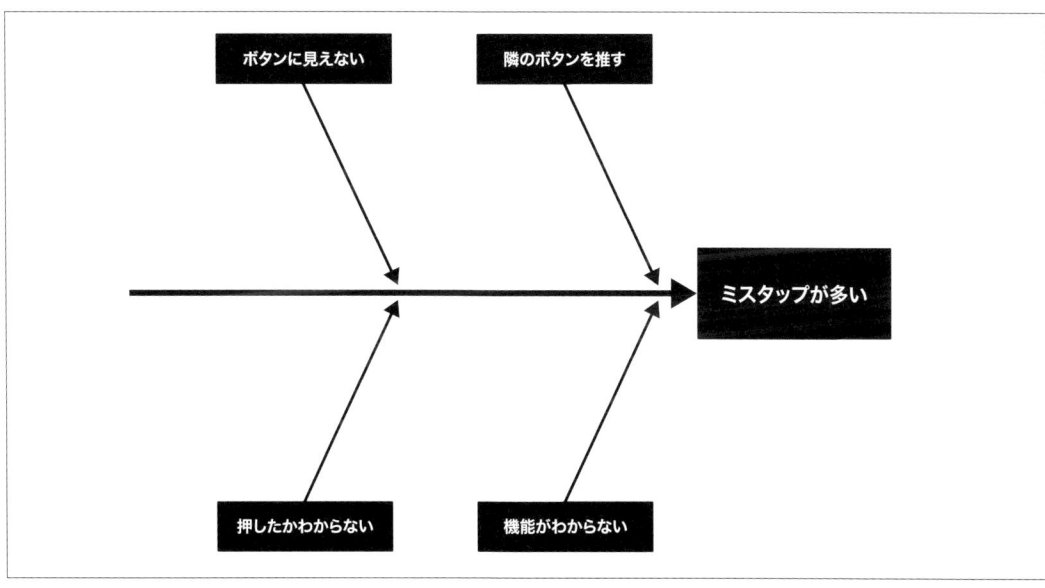

図 3.21 フィッシュボーン図：原因

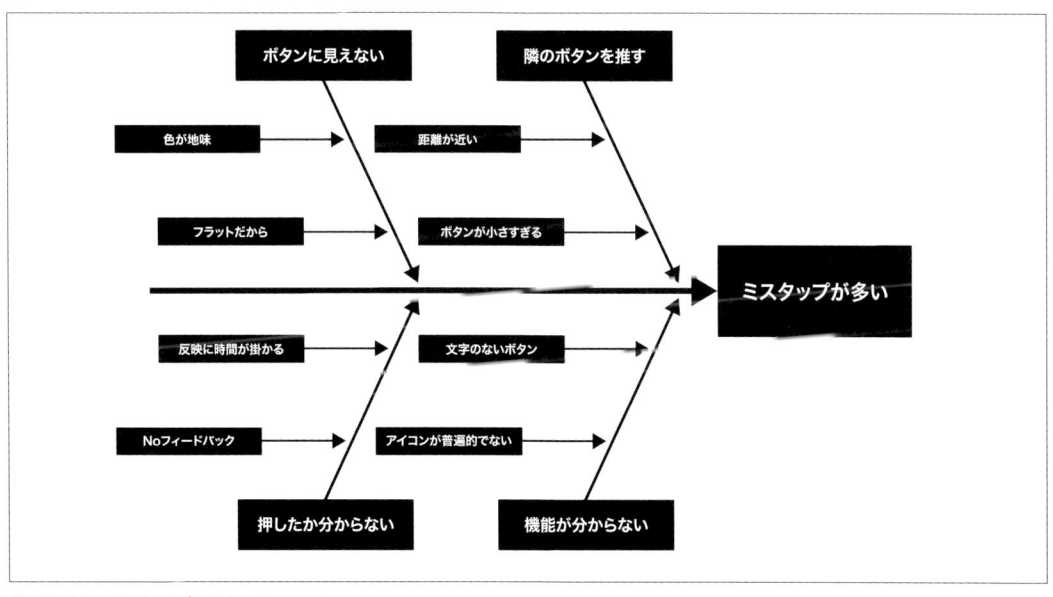

図 3.22 フィッシュボーン図：小原因

最後に、「コントラストを上げる」「レイアウトを再考」など、それぞれの原因への対策を列挙していきます（図3.23）。

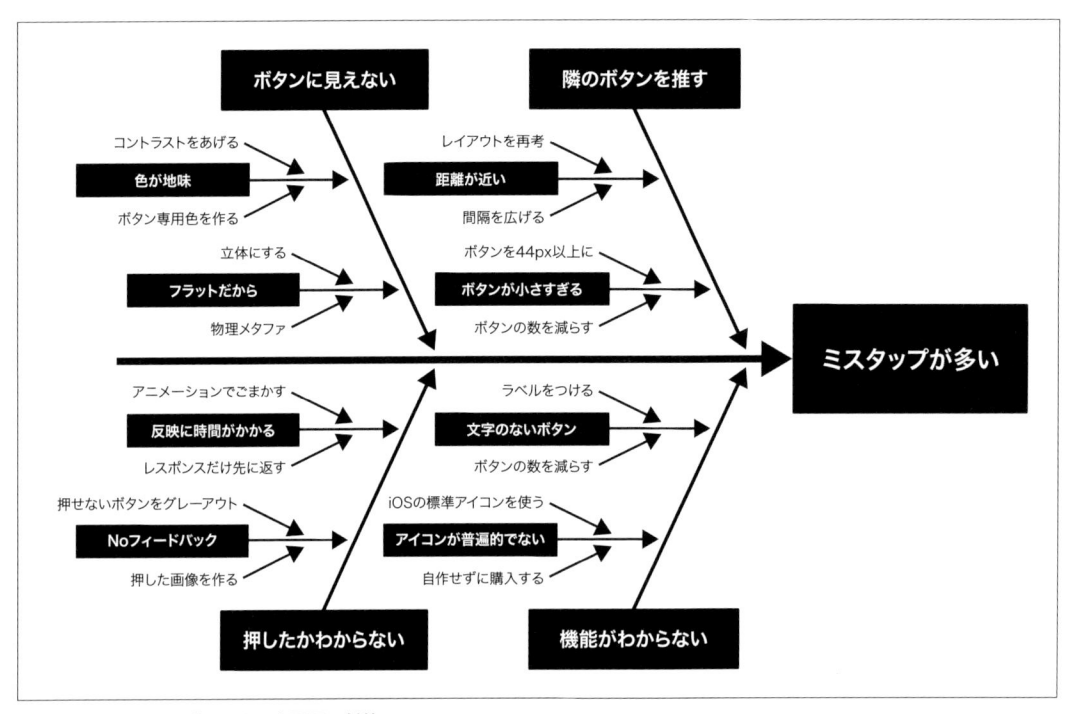

図 3.23 フィッシュボーン図：小原因の対策

このように、漠然とした問題を複数の具体的な問題と対策に分割、見える化できることがフィッシュボーン図の利点です。

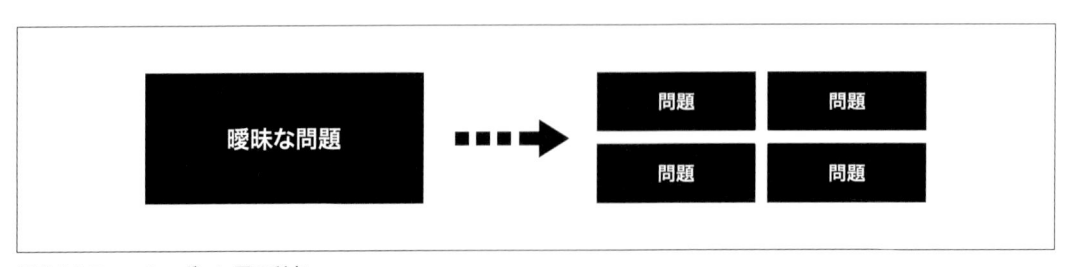

図 3.24 フィッシュボーン図の利点

イメージボード

イメージボードは、開発アプリケーションに関連するビジュアルイメージやUIを目録化したものです。チーム内でデザインイメージを素早く的確に共有するため使います。

関連する写真やイラスト、既存の競合アプリのスクリーンショットなどイメージをひたすら集め、それをスクラップ的に並べて作成します。「Drrrible」や「Tumblr」、「ffffound」、「pinterest」などの各種画像サービスからイメージを集めましょう。

イメージボードのプロコンリストは以下になります。

Pros	Cons
・多方面からの視点が得られる ・事前に可能性や方向性を検証できる ・トレンド等を俯瞰しやすくなる ・対案作成のフットワークが良くなる	・既存のイメージに引っ張られることも

表 3.6 イメージボード（プロコンリスト）

実際にビジュアルデザインを作成するよりも短時間で作成でき、チーム内の認識のズレを防ぐことができます。

本項で説明した独自メソッドを確立することで、考え方や学習、プロダクト開発を抽象メソッドベースで行い、時代や環境、経験則に依存し過ぎないように心掛けています。

3-3-2　fladdict式ペーパープロトタイプ作成ツール

前項で紹介したメソッドに加えて、独自のツールを作成し活用しています。

本項では「fladdict式メソッド」に引き続き、スマートフォンアプリ開発のために使っている「fladdict式ペーパープロトタイプ作成ツール」を紹介します。

「ペーパープロトタイピング・パッド」は、iPhone/iPad miniアプリ設計用オリジナルノートです。スマホ用・タブレット用を用意しており、それぞれiPhoneとiPad miniの実寸サイズで、グリッドや各種ガイド線が引かれているので、ナビゲーションバーやタブバーなども簡単に線を引くことができます。ペーパープロトタイピング・パッドをベースにすると、簡単にペーパープロトタイプを作成できます。「THE GUILD」（代表：深津貴之）が独自に開発し、販売も行っています（https://theguild.stores.jp/）。

図 3.25 スマホ用ペーパープロトタイピング・パッド

図 3.26 タブレット用ペーパープロトタイピング・パッド

　ポップアップやダイアログ、キーボード、ボタンなど定型エレメントのテンプレートがあると便利です。実寸サイズでさまざまなテンプレートを作成し、ペーパープロトタイピング・パッドと併用します。作業速度が飛躍的に向上するのでおすすめです。アクリルをレーザーカットしたものを紹介しますが、厚紙をカットするだけで簡単に作成できます。

図 3.27 iOS テンプレート

図 3.28 iOS テンプレート

　iOS ピクセル実寸三角スケールです。iOS 端末の実寸画面サイズに合わせたピクセル定規で、iPhone、iPad それぞれの画面の長さをピクセル単位で測ることができます。こちらも iOS テンプレートと同様に、ペーパープロトタイピングノートと併用しています。

Chapter 03

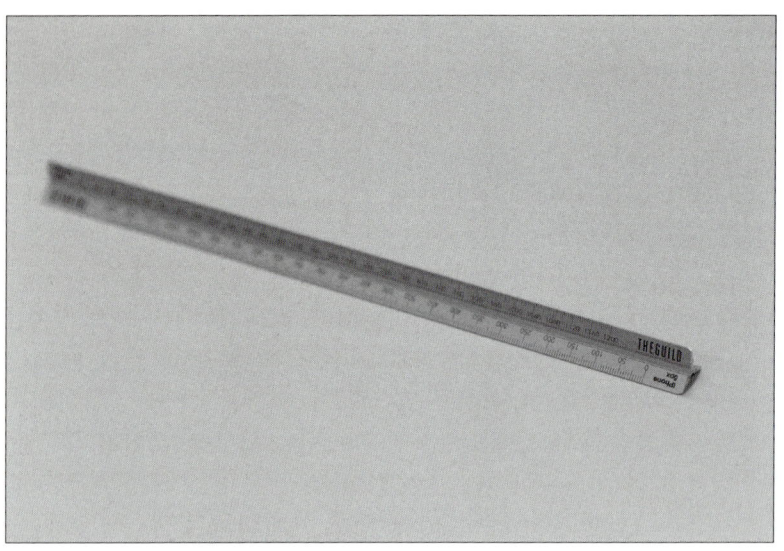

図 3.29 ピクセルスケール

まとめ

- プロダクトの実寸で描けるサイズの紙を大量に用意しておく。グリッドやドットのようなガイド、プロダクトの枠があると時間の短縮になる。

- 下書き用の鉛筆やシャープペン、清書用のサインペン、ボタンやタップエリア、注目箇所を強調するマーカーなど、目的ごとに最適なペンを使い分けるので、複数種類のペンを用意する。

- ポストイットでコンテンツの状態遷移を表現する。作成する要素によって使い分けるので、複数サイズを用意する。

- 時間短縮、作業効率的のために必要なツールは最低限揃えておく。ただし、道具を多用して凝り過ぎると、ペーパープロトタイプ最大の利点であるフットワークが失われるので注意する。

- 下書きの段階では設計者の発想を自由に書いて試行錯誤を繰り返す。手戻りを気にせず、鉛筆やシャープペンシルでどんどん書いていく。

- 下書きはスピードを重視し、綺麗に作り過ぎないように。また、少人数で実物大に作成する。

- 清書のフェーズでは、チームメンバーやクライアントへの分かりやすさ、読みやすさ重視を重視して、プロトタイプを手早く仕上げていく。

Chapter 04

● ツールプロトタイピング

Chapter 04

4-1 POPを使ったプロトタイピングのプロセス

　本章で紹介するプロトタイピングツールとは、プロトタイプ作成を目的としてWebサービスやアプリケーションです。背景画像やボタン、アイコンなどの素材を組み合わせて画面イメージを作成することはもちろん、作成した画面をリンクして遷移可能にして実機で確認できます。

　代表的なスマートフォン向けのプロトタイピングツール、「POP」と「Briefs」を紹介します。なお、掲載URL、サービス内容、価格などの情報は、執筆時2014年6月現在のものです。

4-1-1　POPの概要

　「POP」は紙に書いたアプリの画面やデザインカンプを写真に撮ったり実機に取り込んで、他の画面へのリンクを付けて動きを確認できるスマートフォンアプリです。iOS、Android向けアプリやサイトのプロトタイプを作成することができます。プロトタイピングツールとしては有名で、定番とも言えるアプリです。

図 4.1 POP（http://popapp.in/）

POP
・価格：無料（App Store、Google Play）
・作成に必要な環境：iOS、iPad、Android、Android Tab
・プロトタイプ対象：iOS、iPad、Android、Android Tab

図 4.2 iPhone 版「POP」

特徴

　最大の特徴は、スマートフォンやタブレットだけでアプリのプロトタイプが作成できることです。手書きで作成したペーパープロトタイプを撮影し、タップスペースを選択、他の画面にリンクさせるなど一連の作業が、スマートフォンやタブレット端末の作業のみで完結します。

　「POP」で作成したプロトタイプは、そのまま端末上で操作して確認できます。また、ペーパープロトタイピングサポートツールとして公開されていますが、例えば、iPhone の「カメラロール」にデザインカンプデータを保存し読み込ませることで、ビジュアルクオリティの高いプロトタイプを作成することも可能です。

メリット

　他のプロトタイピングツールと比較して、POP には以下の強みがあります。

●シンプルでわかりやすい

　搭載されている機能が少ないため、UI もシンプルで、直感的に操作することができます。低コストでスピーディーに作成できるので、簡易的な確認や検証には最適です。また、専用のアプリ（iPhone 版と Android 版）が無料でダウンロードできるため、すぐに導入できます。

●プロトタイプのシェアが容易

作成したプロトタイプを共有して確認することも可能です。ブラウザ上で動くモックを生成し、その URL をプロジェクト関係者に送るだけで、プロトタイプを Web 上で簡単に共有できます。また、各画面ごとにコメントを入力することもできます。

デメリット

他のプロトタイピングツールと比較すると、デメリットもあります。

●機能が少ない

シンプルで使いやすい反面、他のプロトタイピングツールと比べると機能が少なく、細かいカスタマイズができません。例えば、ボタンのタップ状態などの細かい表現や、画面内の一部分をスクロールさせることなどはできません。また、設定できる遷移パターンも少なく、タップ後の遷移タイミングなども指定できません。

●編集ファイルがシェアできない

スマートフォン上で作業するため、パソコンなど固定端末にファイルが保存できず、編集データを共有できないこともデメリットの 1 つです。特定の 1 端末で作業を続ける必要があり、中長期案件でプロトタイプを継続的にブラッシュアップするケースには不向きです。

また、動作モックを共有するには、外部サーバに開発中の画面をアップすることを意味します。セキュリティ規定が厳しく外部 Web サービスが使えない案件には利用できません。

「POP」には上記の通り、メリット・デメリットがありますが、代表的なプロトタイピングツールと比較すると、その手軽さや使いやすさは別格で、さまざまな状況で幅広く利用できます。また、導入のハードルも低いので、プロトタイピングツールを利用したことがない環境で、試しに導入してみるには最適のツールです。

4-1-2 POP を使ったプロトタイプ作成フロー

それでは、実際に POP を使ってプロトタイプを作成していきましょう。サンプルとして、「2-3-5 動作モック作成」(P.070 参照)で紹介した ATM アプリの動作モックを作成します。右図の通り 6 画面で作成します。

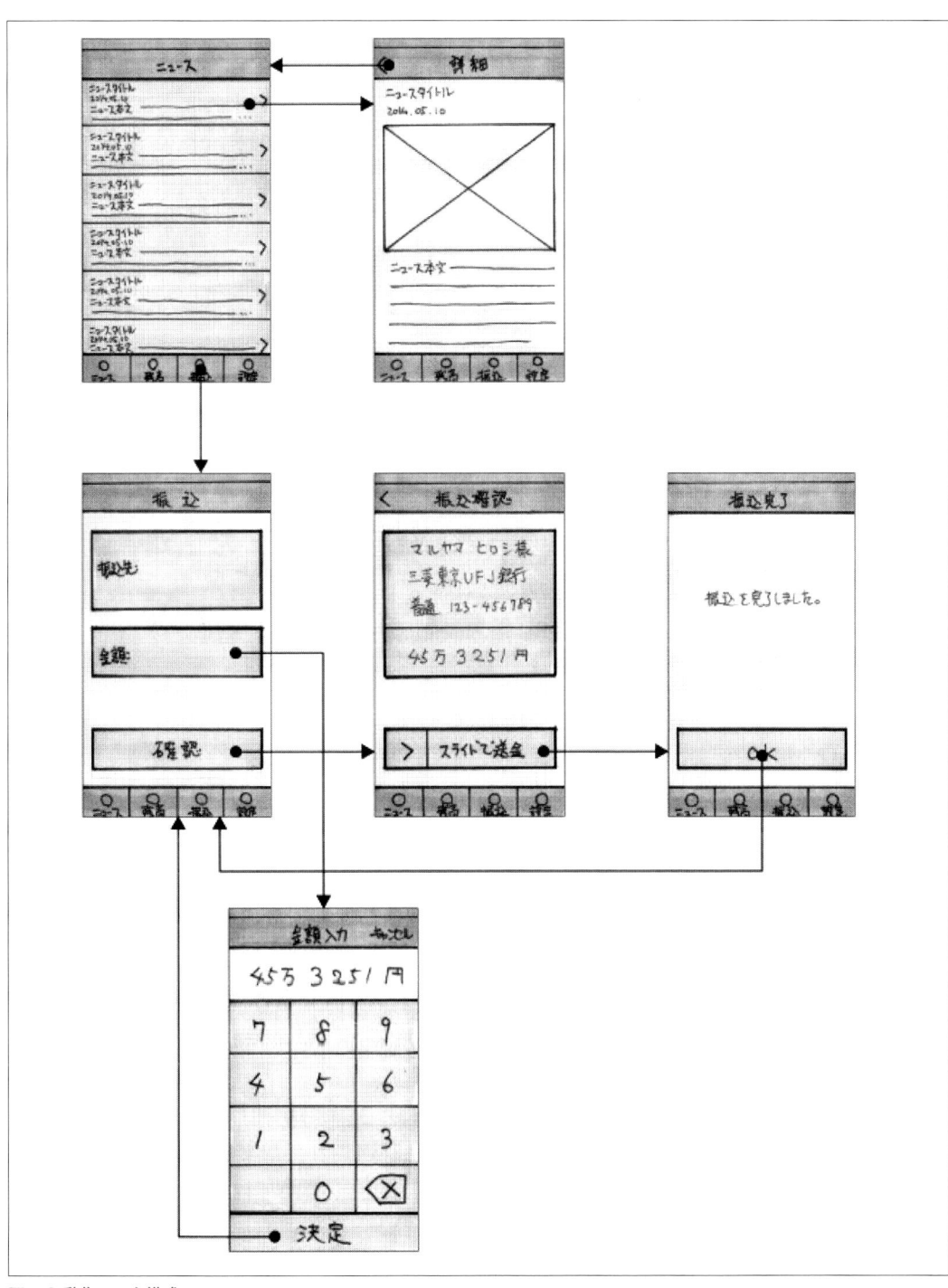

図 4.3 動作モック構成

Chapter 04

作成に利用するペーパープロトタイプは、以下の画面です。

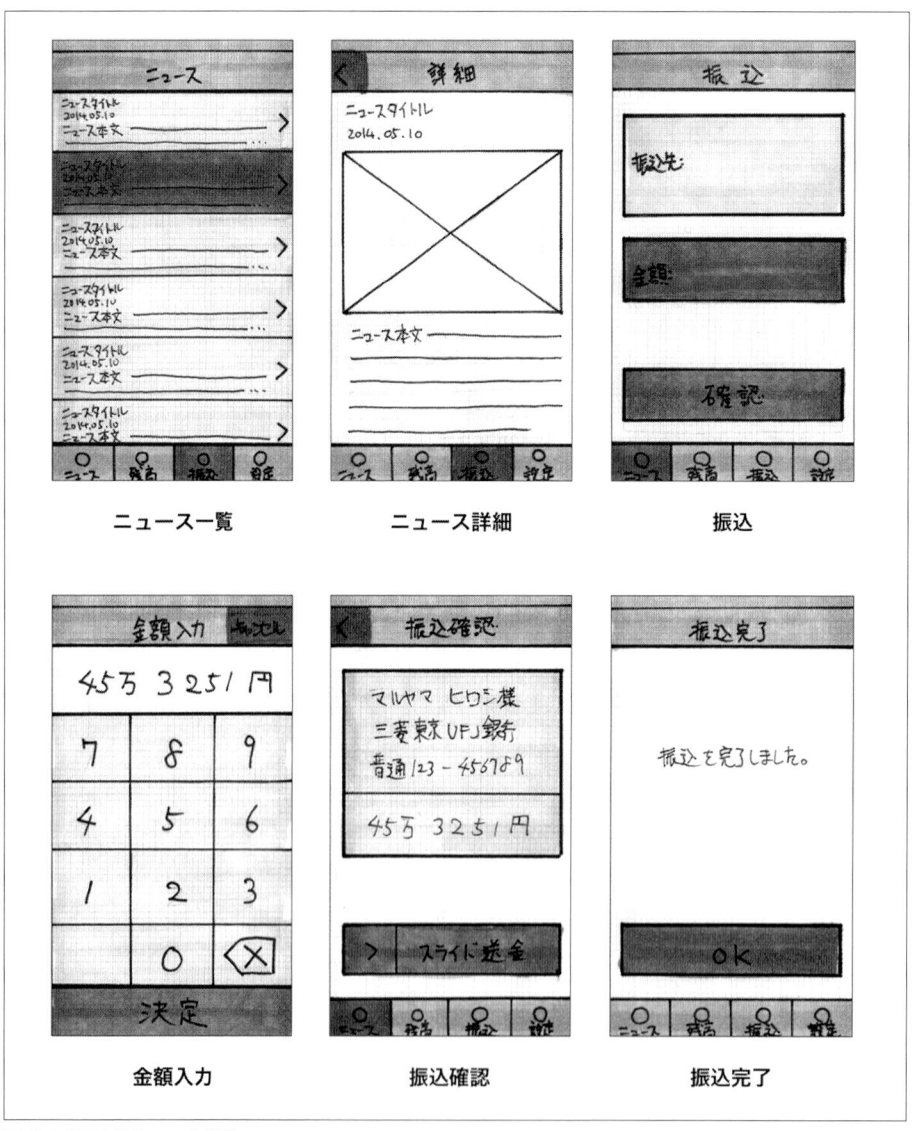

ニュース一覧　　　　　ニュース詳細　　　　　振込

金額入力　　　　　　振込確認　　　　　　振込完了

図 4.4 ATM 動作モック画像

プロジェクト作成

本項ではiPhone向けの動作モックを作成するため、iPhone版「POP」を使用します。

「POP」アプリを起動し、新しいプロジェクトを作成します。画面上部ナビゲーションバーの[＋]ボタンでプロジェクトを追加します（図4.5）。

図4.5 プロジェクト一覧

プロジェクト名を入力します（ここでは「ATM」）。次に、ポートレイト（縦）かランドスケープ（横）、デバイスを選択します（図4.8）。

図4.6 プロジェクト追加　**図4.7 プロジェクト名の入力**　**図4.8 デバイス選択**

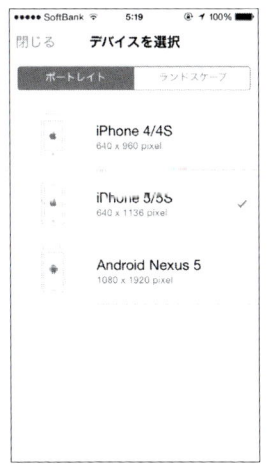

最後に共有設定を行います。特定メンバーと共有する場合は[Private]のチェックを外します。右上の[作製]ボタンをタップするとプロジェクトが追加され、編集画面が表示されます。

図4.9 プロジェクト一覧　　図4.10 プロジェクト編集画面

ペーパープロトタイプ画像の読み込み

プロジェクトを作成したら、作成済みのペーパープロトタイプを読み込ませます。[カメラ]または[アルバムから取り込み]から行います。iPhoneのアルバムに保存しているスキャン画像を読み込むため、画面下部のカメラボタンをタップし、[アルバムから読み込み]を選択します。

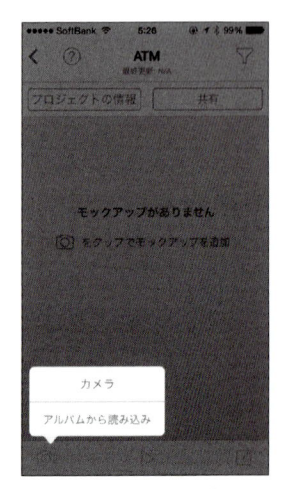

図4.11 アルバムから読み込み

アルバム選択画面から、ペーパープロトタイプを保存しているアルバムを選択します。表示されたアルバムからプロトタイプ作成に必要な画像をすべて選択し、右上の [完了] ボタンをタップします。

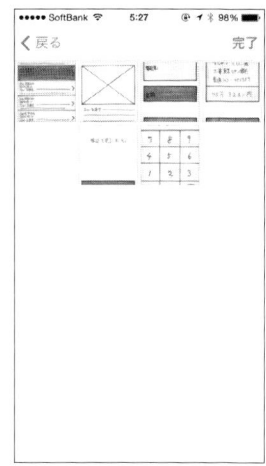

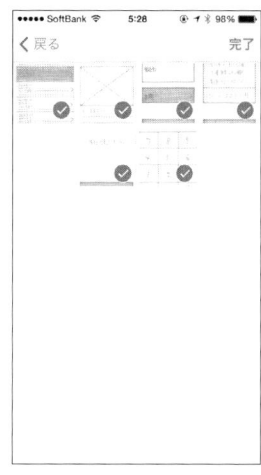

図 4.12 アルバム選択　　図 4.13 画像選択　　図 4.14 画像選択完了

次に読み込んだペーパープロトタイプの編集画面が表示されます。編集する画像を選択すると、画像の回転やトリミング、明るさの調整など、最低限必要な編集作業が可能です。動作モックに組み込む画面の編集が完了したら、ツールバー右の [完了] ボタンをタップします。

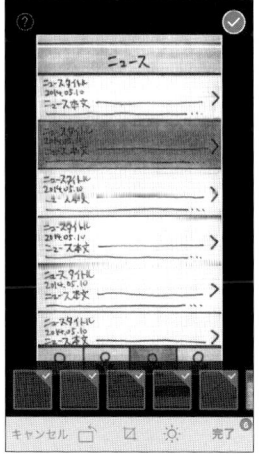

図 4.15 画像編集画面

引き続きプロジェクトに必要な画像がすべて選択されていることを確認します。必要に応じて画像を遷移する順番に並び替えます。サムネイルの長押しで、ドラッグで並び替えが可能です。

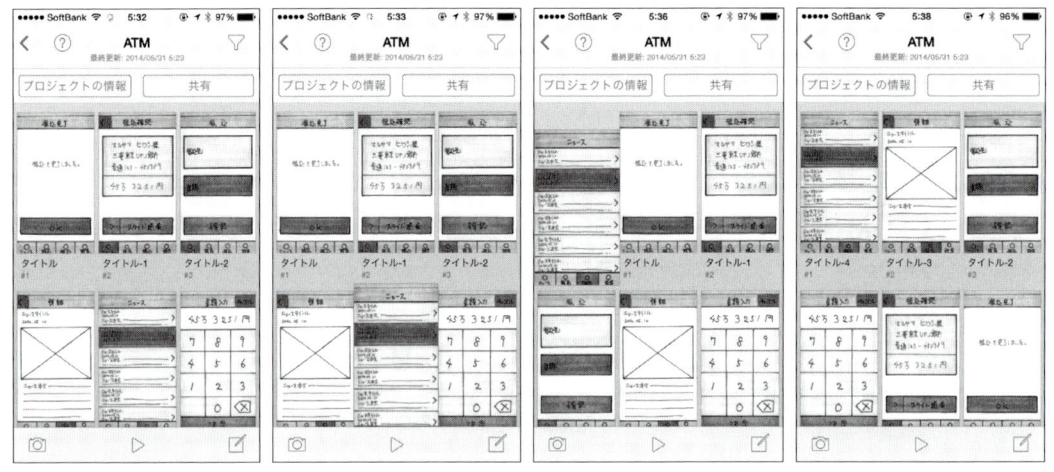

図 4.16 画像の並び替え

リンクの設定

画像の読み込みと編集・整理が完了したら、画面同士のリンクを作成します。まずは起動時に表示される「ニュース一覧」画面のタップエリアを作成します。左上のサムネイルをタップして、詳細画面を表示します。ツールバーの左端のボタンをタップすると、タップエリアが表示されます。

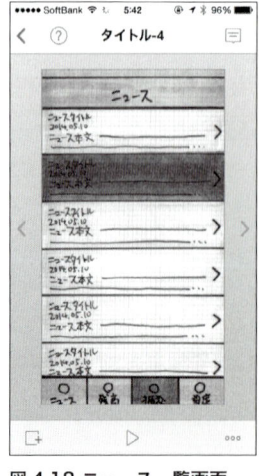

図 4.17 画像一覧　　図 4.18 ニュース一覧画面　　図 4.19 タップエリア設定

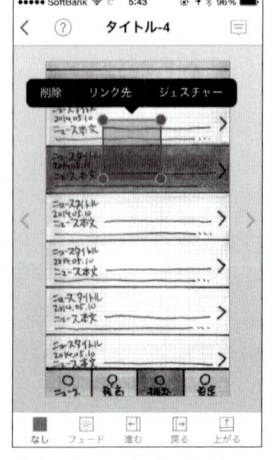

「ニュース一覧」から「ニュース詳細」画面へと遷移する際のタップエリアを作成します。表示されたタップエリアをドラッグで移動させ、四隅をドラッグして形や大きさを変更します。リスト項目をタップエリアとして指定します。次に、下部バーから遷移アニメーションを選択します。「ニュース一覧」から「ニュース詳細」への右遷移なので、[進む] を選択します。

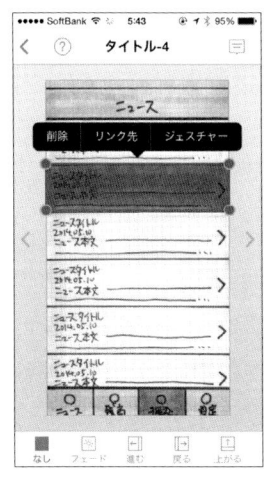

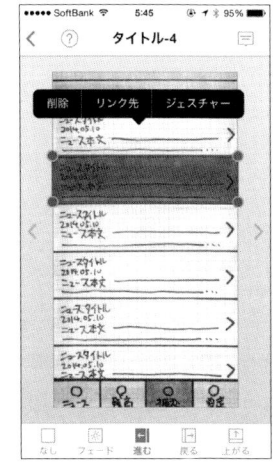

図 4.20 タップエリア設定　　図 4.21 遷移アニメーション

なお、各画面にはタイトルやコメントを追加できます。ナビゲーションバー右端のボタンをタップすると編集画面が表示されます。ここで画面名やコメントなどを記入できます。

図 4.22 編集画面　　図 4.23 画面名やコメント入力

Chapter 04

　タップエリアの設定および画面名の設定が完了したら、吹き出しの [リンク先] を選択して、遷移先の画面を設定します。上段左の「ニュース詳細」画面のサムネイルを指定します。

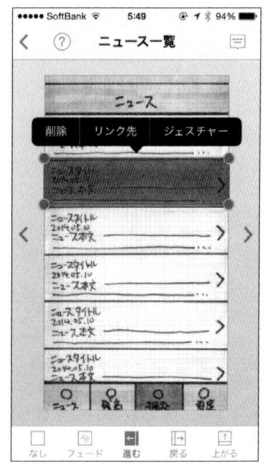

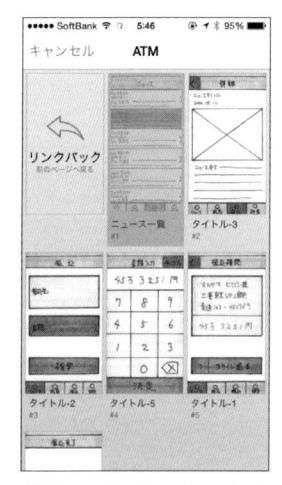

図 4.24 リンク先の設定　　図 4.25 リンク先画面の選択

　また、「ニュース一覧」画面のタブから「振込」画面へも遷移します。「ニュース詳細」画面への遷移と同様の手順で、「振込」画面への遷移も作成します。タブの場合は単純な画面切り替えとなるので、遷移アニメーションは [なし] を選択します。

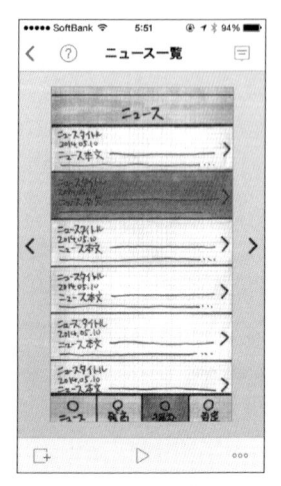

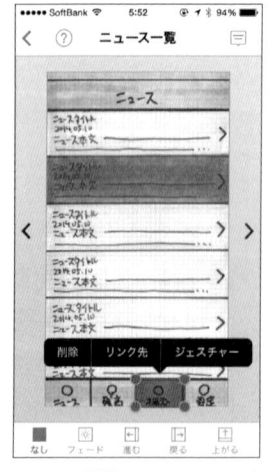

図 4.26 ニュース一覧　　図 4.27 遷移アニメーションなし

　次に、「ニュース詳細」画面のリンクを設定します。「ニュース一覧」画面の中央右端の [>] をタッ

プ、もしくは画像一覧画面から「ニュース詳細」画面のサムネイルを選択します。同様の手順でタップ範囲と遷移先を設定します。戻るボタンの場合は、前の画面に戻るため、遷移アニメーションを [戻る] にします。

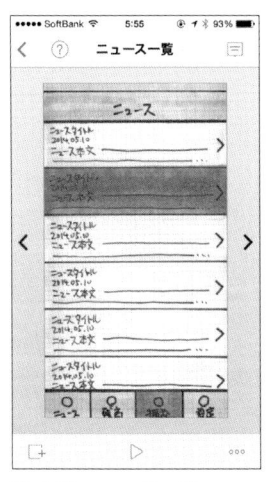

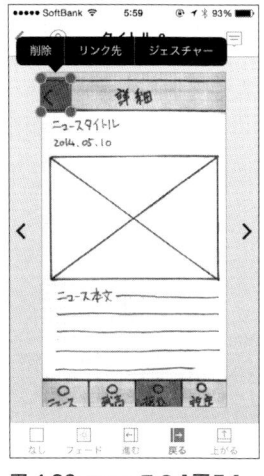

図 4.28 ニュース一覧

図 4.29 ニュースの [戻る]

図 4.30 リンク先の選択

「ニュース一覧」から「ニュース詳細」、そして「ニュース一覧」へと戻るリンクを作成しました。引き続き、「振込」、「金額入力」「振込確認」「振込完了」も同様の手順でリンクを繋ぎ、画面遷移を構築します。

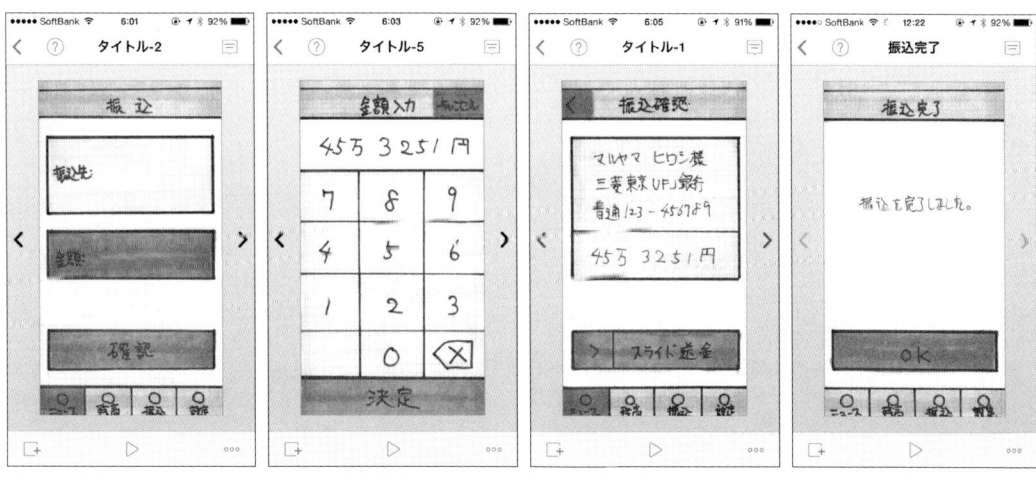

図 4.31 振込

図 4.32 金額入力

図 4.33 振込確認

図 4.34 振込完了

なお、「振込確認」画面の送金は、タップではなくスライドで決定となります。そのため、スライドジェスチャーを設定します。[送金] ボタンのリンクエリアをタップし、吹き出しのジェスチャーから [右にスワイプ] を指定します。

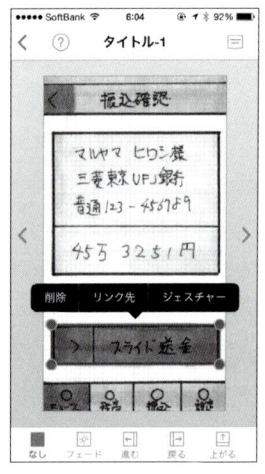

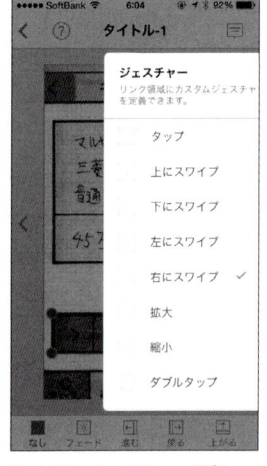

図 4.35 振込確認　　図 4.36 ジェスチャー選択

プロトタイプの再生

作成したプロトタイプを確認します。各画面の編集画面もしくはプロジェクト画面の再生ボタンをタップすると、プロトタイプが全画面で表示され、実際にタップして操作できます。

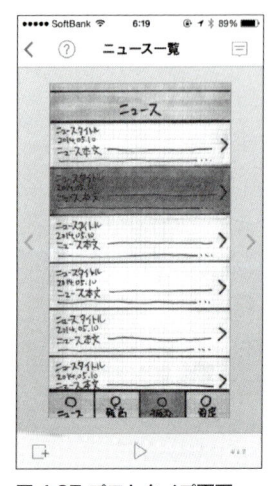

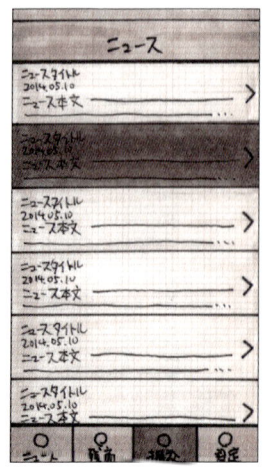

図 4.37 プロトタイプ画面　　図 4.38 プロトタイプの再生

「ニュース一覧」のリスト項目をタップすると、「ニュース詳細」画面にアニメーションと共に遷移します。「ニュース詳細」画面左上の [戻る] ボタンをタップすると、逆方向の遷移アニメーションで元の「ニュース一覧」画面に戻ります。

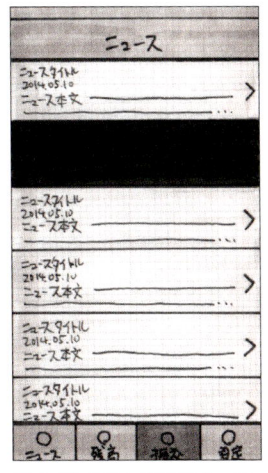

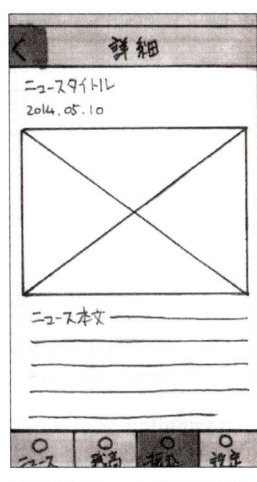

図 4.39 リスト項目をタップ　　図 4.40 遷移アニメーション　　図 4.41 ニュース詳細の表示

　画面内でタップ範囲に指定されていない箇所をタップすると、反応するエリアが緑色の矩形で表示されます。なお、画面を 2 本指でタップすると、プロトタイプ再生を終了して編集画面に戻る、もしくは画面へのコメントを残すことができます。

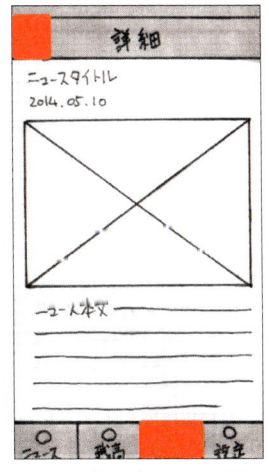

図 4.42 タップエリアの表示　　図 4.43 再生終了とコメント追加

Chapter 04

動作モックの共有

作成した動作モックを他の「POP」ユーザーと共有します。プロジェクト画面のナビゲーションバー下の[共有]をタップすると、共有画面が表示されます。画面右上の[＋]ボタンをタップし、POPユーザーを検索して、そのメンバーとプロジェクトを共有できます。

図 4.44 [共有]をタップ　　図 4.45 共有画面　　図 4.46 POP ユーザーの検索　　図 4.47 POP ユーザーの追加

また、Webリンクで動作モックを共有することも可能です。直接リンクをコピー、もしくは特定のメンバーへ E メール、Twitter、SMS 共有で動作モックのリンクを送信できます。

図 4.48 共有　　図 4.49 Facebook 共有

プロジェクトメンバーは共有されたURLにアクセスすることで、ブラウザ経由で動作モックを確認できます。パソコンからはスマートフォン端末の枠が表示されます。マウス操作が可能でブラウザ上で「POP」アプリと同様の動きを再現しています。

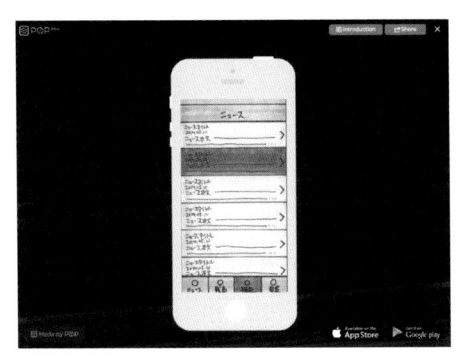

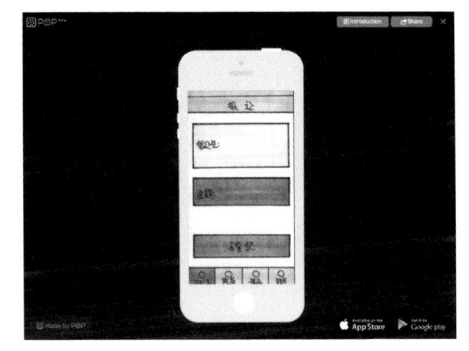

図4.50 パソコンからアクセス

図4.51 「POP」と同じ動きを再現

　また、スマートフォン端末からアクセスした場合は、プロトタイプが全画面で表示されます。「POP」アプリで作成した動作モックと同様に動作します。

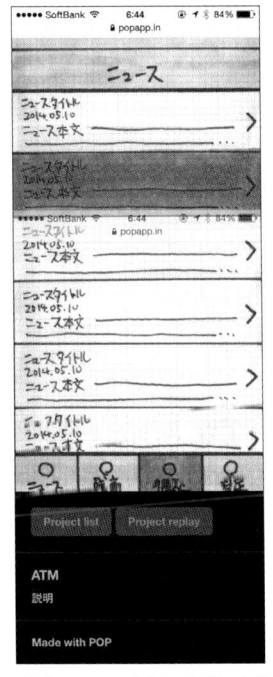

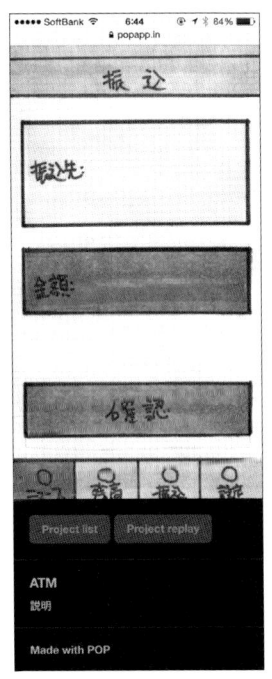

図4.52 スマホからのアクセス

図4.53 「POP」と同じ動作

プロジェクトの情報

　説明した機能の他にも、アイコン編集や Dropbox と連携することも可能です。プロジェクト画面のナビゲーションバー下の [プロジェクトの情報] をタップすると、プロジェクトの情報画面が表示されます。右上の編集ボタンから、ホーム画面に表示するアイコンの設定も可能です。

図 4.54 プロジェクトの情報　　図 4.55 プロジェクトの情報編集

iPad での編集

　iPhone と同様に iPad でも、本項で解説した内容と同等の編集作業ができます。もちろん、動作モックの操作も可能です。また、iPad アプリのプロトタイプを作成し、そのまま iPad 上でレビューや Web 共有も可能です。

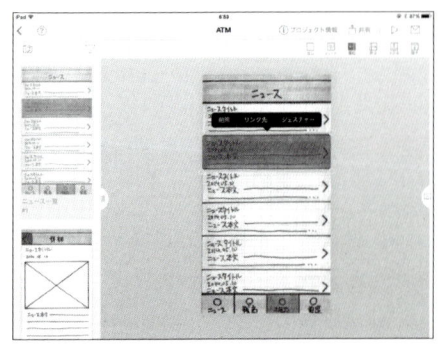

図 4.56 iPad 上での表示・編集　　図 4.57 iPad での動作

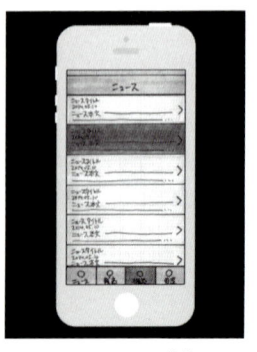

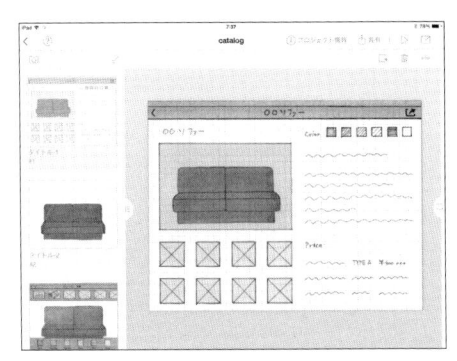

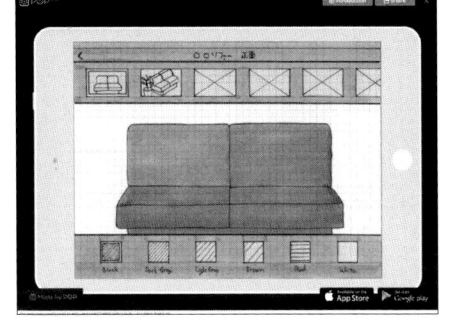

図 4.58 iPad サイズのペーパープロトタイプ　　図 4.59 パソコンでの表示（iPad）

　本節で説明した通り、「POP」は機能もシンプルで誰でも簡単に動作モックを作成できます。また、ブラウザを経由することでメンバーやクライアントとも即座に動作モックを共有できます。複雑な挙動や細かい設定は用意されていませんが、簡単なプロトタイプ（動作モック）を短時間で作成するには十分過ぎる機能を搭載しています。

4-2 Briefs を使ったプロトタイピングのプロセス

　本節で紹介する「Briefs」も「POP」（P.122 参照）と同様、スマートフォンアプリ（iOS・Android）や Web サイトのプロトタイピングツールです。ペーパープロトタイプの画像やデザインカンプ、ボタンやアイコンなどのデザインリソースをインポートして画面を作成します。また、画面同士をリンクさせて遷移や挙動を確認することもできます。

4-2-1　Briefs の特徴

　「Briefs」は、「Mac App Store」で販売されている Mac 版アプリケーションで、Mac を使って iOS（iPhone・iPad）や Android 向けの高度なプロトタイプを作成できます。画像同士のリンクやインタラクションに加え、遷移やアニメーションのタイミング指定、画面内の一部要素のみのスクロールなどなど、より緻密な表現が可能です。

価格：¥19,800（Mac App Store）
作成に必要な環境：Mac OSX 10.8 以降
プロトタイプ対象：iOS、Android

図 4.60「Briefs」(http://giveabrief.com/)

「Briefs」で作成したプロトタイプは、「Briefscase」と呼ばれる専用アプリ（iOS版・Android版）専用アプリを使ってスマートフォン上で動かすことができ、本物のアプリのようなプロトタイプを作成できるところが特徴です。

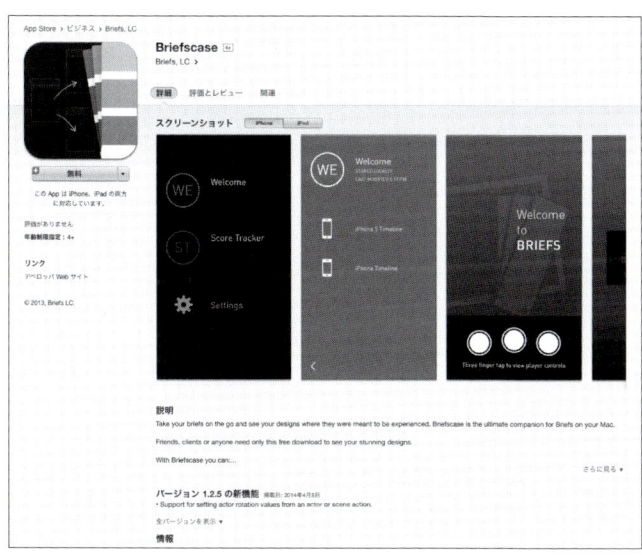

図 4.61 Briefscase

メリット

Briefsは比較的高性能なプロトタイピングツールで、他のツールにはない数多くのメリットがあります。

●豊富な機能が揃っている

豊富な機能が搭載されている上に、デフォルトアセットやパーツ、数々の遷移アニメーション（インタラクション）が揃っているため、実際のアプリに近いプロトタイプを作成できます。ビジュアルデザインやインタラクション共に、高い完成度が求められる動作モックを提示すべき場面で真価を発揮します。「1-3 コンペのためのプロトタイピング」（P.028参照）で紹介した、コンペの企画提案でプレゼンする際など、本物に近いレベルの動作モックを作り込むケースに最適です。

1枚画像ではなく、パーツを切り出して配置することも可能です。画面の一部を動かしたり、ボタンをタップした時にボタン画像を切り替えてタップ時を表現するなど、より細かい挙動を設定できます。また、トランジションの種類も豊富で、タップ何秒後に反応するか、何秒で遷移何秒するかなどの細かい設定に加えて、音を追加することも可能です。スワイプやピンチなどジェ

スチャにも対応しています。
　また、画面遷移図の生成やアセットの一斉書き出し、要素サイズなどデザインスペックを記載した資料、バージョン管理など多彩な機能が用意されており、プロトタイピングツールだけではなく、エンジニアとのコミュニケーションツールとしての側面もあります。

●編集ファイルのシェアが可能

　「POP」がスマートフォン上のみで動作モックを作成するのに対して、「Briefs」はデスクトップ端末（Mac）上でデータが作成できます。そのため、パソコン間での編集データの共有が可能です。共同で1つのプロトタイプを編集できるため、柔軟に作業できます。
　また、「POP」やその他のプロトタイピングツールでは、動作モックの共有には第三者のサーバ上にデータをアップロードする必要があります。パスワードが掛けられるとは言え、セキュリティ規定が厳しく外部Webサービスが利用できない案件でプロトタイプを共有することは困難です。一方、ローカルで動作モックを共有して、スマートフォンやタブレットを接続して直接データを移動できる「Briefs」では、こうした問題をクリアできます。

デメリット

　Briefsは高性能で多機能である反面、それがデメリットとなる場合もあります。

●学習コストが掛かる

　機能が豊富な反面、単純なプロトタイピングツールと比較すると、習熟に多少の時間が掛かります。ペーパープロトタイプベースの画面遷移や使い勝手を確認するためだけのプロトタイプには、オーバースペックとも言えます。

●Macでしか使えない

　Mac App StoreでのみVrancandされているMac専用アプリであるため、Windows環境では利用できません。また、プロトタイピングツールとしては比較的高額なところも、導入のハードルを高くしています。
　「POP」をはじめ、その他のプロトタイピングツールのメリット・デメリットと比較して、どのツールが最適なのか判断しましょう。

4-2-2　Briefsのプロトタイプ作成フロー

　実際に「Briefs」を利用してプロトタイプを作成します。Briefsにはデザインスペック資料作成やバージョン管理など、エンジニアとのコミュニケーション機能も搭載されていますが、本書では、あくまでも動作モック作成ツールとしての基本機能を紹介します。

　本項では、「Chap.05　プロトタイピングの実践」で紹介する家具カタログアプリの動作モックを作成します。アプリやペーパープロトタイプの詳細は、「5-3-1 分析・仮説」（P.187）と「5-3-2 ペーパープロトタイピング」（P.190）を参照してください。作成する動作モックの構成は以下になります。

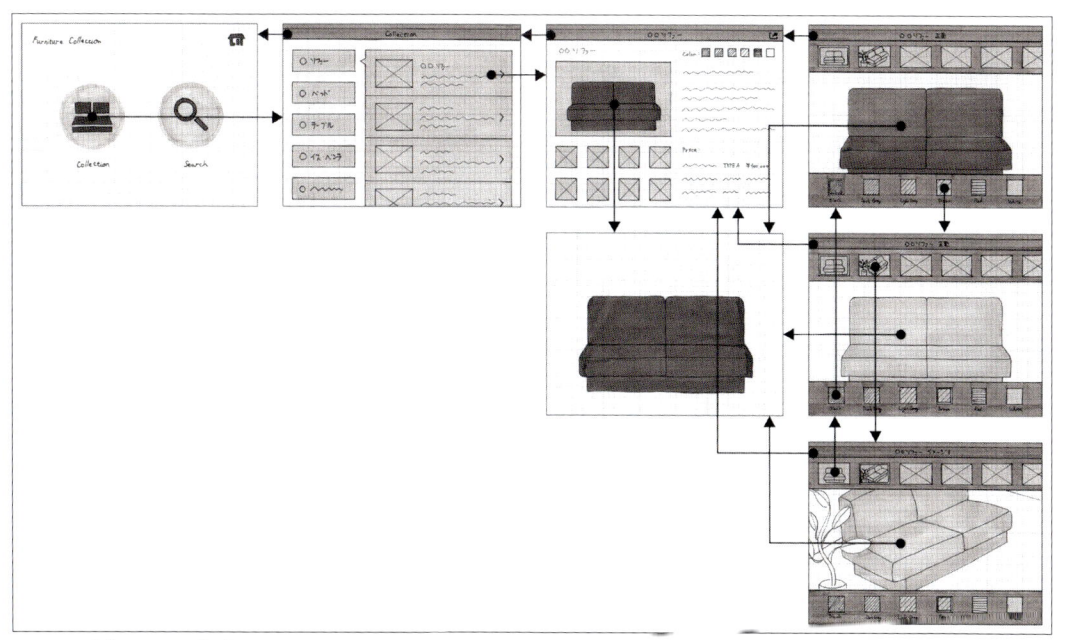

図 4.62 動作モックの構成

画像リソースを準備する

　まずは、デザインカンプ画面やパーツなど、必要なリソースを1つのフォルダにまとめておきます。Retinaと非Retina両サイズの画像を用意し、Retinaの場合は@2xを付けるなどiOS実装ルールに基づいた名前にしましょう。また、必要であれば、背景として使うアプリの1枚画像のみではなく、ボタンなどのパーツとして使う画像も切り出して用意しておきましょう。家具カタログアプリの動作モックでは、以下の背景画像とパーツ画像を用意します。

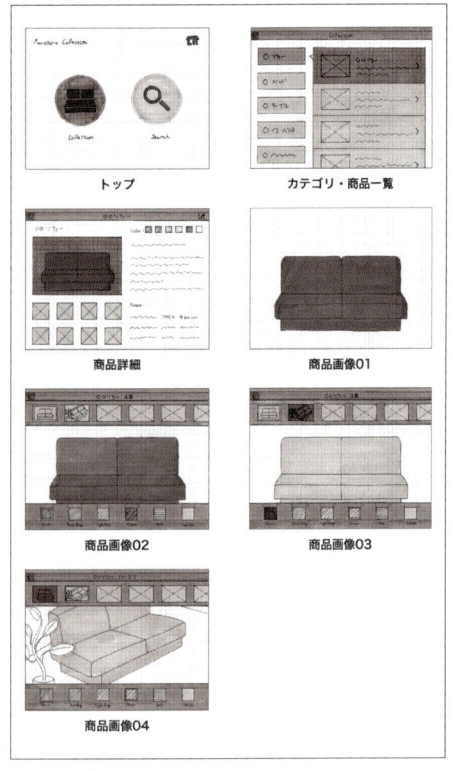

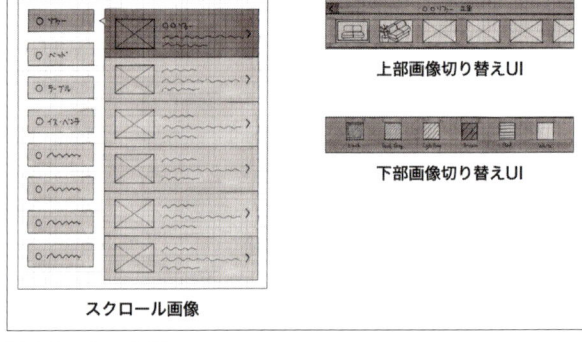

図 4.63 背景画像

図 4.64 パーツ画像

　ここでは PNG 画像を利用していますが、PNG や JPEG と以外にも、Photoshop ファイル（PSD）も読み込むことができます。

Briefs を起動する

　Briefs を起動すると、端末テンプレートを選択するウィンドウが表示されます。新規でプロトタイプを作成する際は、ここで作成するプロトタイプの端末を選択します。ここでは、iPad を選択して [Add New Timeline] をクリックします。

図 4.65 端末テンプレート選択

次に、端末の縦横を選択します。

画面右下の[Portrait]をクリックすると[Portrait（縦）]と[Landscape（横）]が選択できます。本項で作成するプロトタイプは横画面のみで構成されるので、[Landscape]を選択します。Landscapeを選択するとPortraitシーンも残りますが、今回は縦バージョンは不要なので削除します。

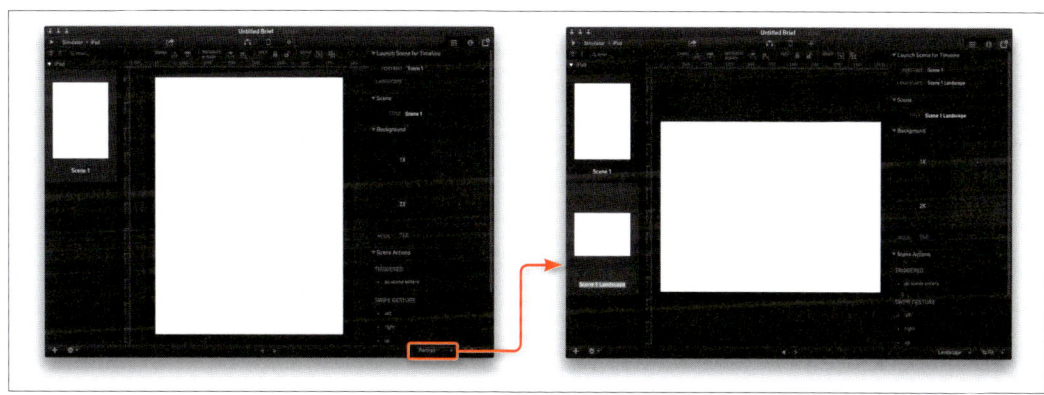

図 4.66 縦選択と横選択後

画像アセットフォルダを指定する

端末テンプレートと縦・横を選択したら、画像アセットを読み込ませます。画面右上のボタンをクリックし、[Asset Browser]を開きます。

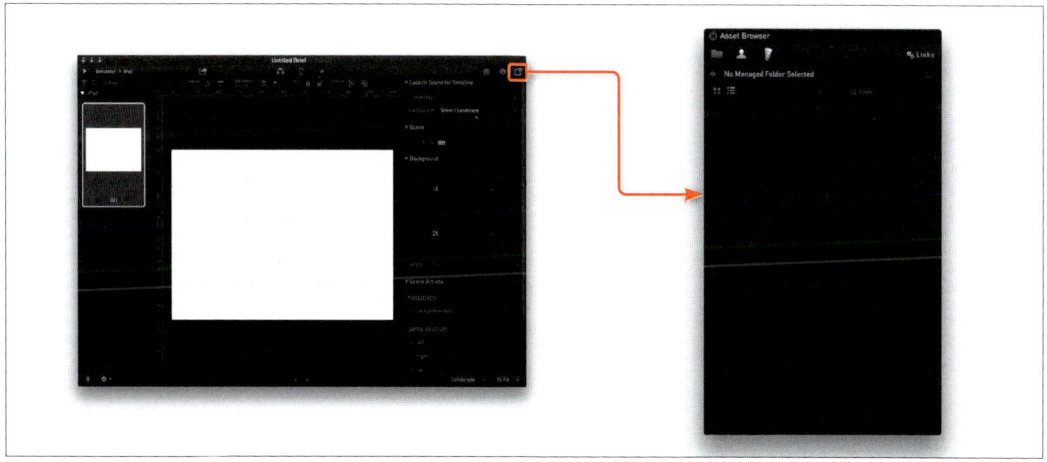

図 4.67 Asset Browser ボタンと Asset Browser

Asset BrowserのManaged Assetで素材フォルダを指定します。

　右上の［…］ボタンをクリックするとMac内のフォルダを指定するウィンドウが開きます。最初に準備したパーツ画像のフォルダを選択します。指定フォルダ内の素材が表示されるので、用意したアセットのサムネイルが表示されていることを確認しましょう。

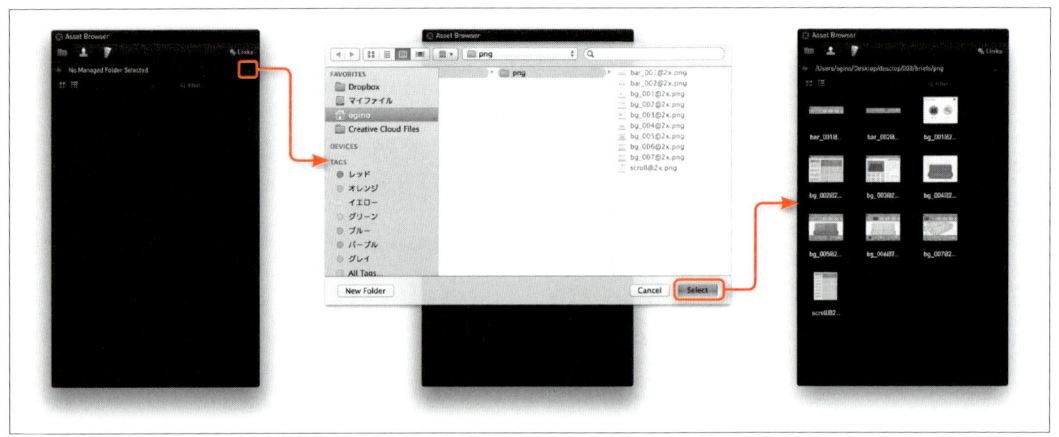

図4.68 フォルダ選択からアセット表示

背景画像を読み込む

　プロトタイプを組み立てていきます。まずは、背景画像として用意しておいたペーパープロトタイプ画像を読み込みます。

　右サイドの［Background］の中にある［＋］（通常解像度の場合は1x、Retinaの場合は2xの右横の［＋］）をクリックして、背景画像をまとめたフォルダを指定し、その中の背景画像を選択します。ここでは［トップ画面］を選択します。

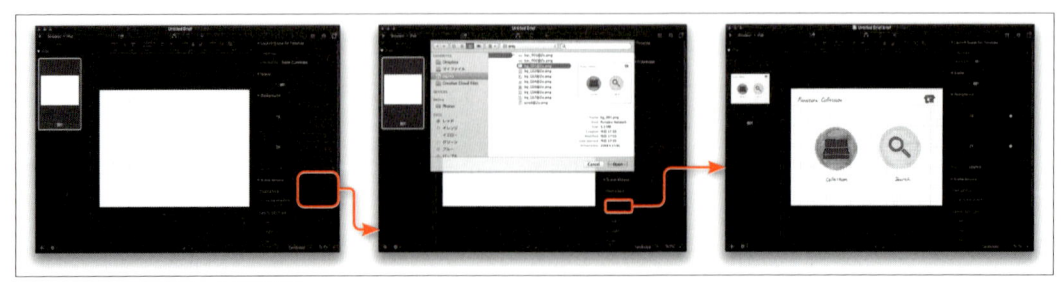

図4.69 背景画像選択から背景表示

タップ領域（Hotspot）を作成する

画面上にタップ領域（Hotspot）を作成し、タップすると次の画面へ遷移するようにします。

［トップ画面］を背景設定したシーンの画面上を右クリック、または上部メニュー［Actor］から［New Hotspot Actor］を選択するか、ショートカットキーのShift + Command + Hで新規Hotspotを作成します。作成したHotspotをドラッグし、タップ位置に移動させます。ボタン画像に合うようにサイズや縦横比を調整します。

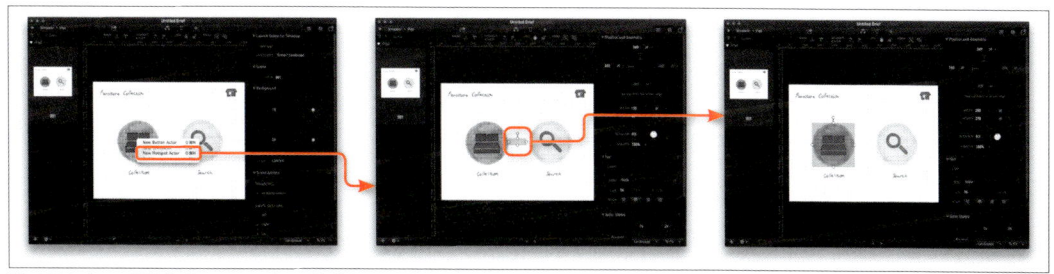

図4.70 タップ領域（Hotspot）の作成から領域の調整

画面をリンクする

作成したHotspotをタップする指定の画面へ遷移するように、Hotspotと遷移先画面をリンクさせます。まずはリンクさせる新しい画面を作成します。

左下の［＋］ボタンで新しいシーンを追加し、1枚目と同様に背景画像を設定します。背景画面は［カテゴリ・商品一覧］を選択します。次に、新規作成したHotspotを右クリック、または上部メニュー［Actor］から［Add Action］を選択します。Hotsopotからラインを引っ張り、新しく作成した画面に繋げるように選択すると、Hotspotと新しい画面がリンクされます。

図4.71 新規画像作成・背景設定からリンク作成

画面をリンクすると、アクション種類やタイミングを調整するウィンドウが表示されます。[TRANSRATION]で通常切り替えや左右への移動、拡大・縮小、ページめくりなど、遷移アニメーションと方向が選択できます。何秒後に何秒間で遷移させるといったタイミング、タップ音なども設定できます。遷移アニメーションなしの通常切り替え、タイミングもデフォルト設定です。

図 4.72 アクション調整からリンク作成

スワイプでの画面スクロールを設定する

スワイプでスクロールさせる縦長のリスト画面を作成します。Asset Browserに表示されている[スクロール画面]アセットを、ドラッグ&ドロップで画面上に配置します。スクロールさせるアセットをスクロール開始位置に合わせて配置します。

ここで、画像リソースが@2xと非Retinaの両方をあらかじめ用意していれば、Retinaを保持したままpt基準で配置できます。しかし、Retinaサイズの画像リソースしか作成していない場合は、画像のサイズを半分に調整する必要があります。

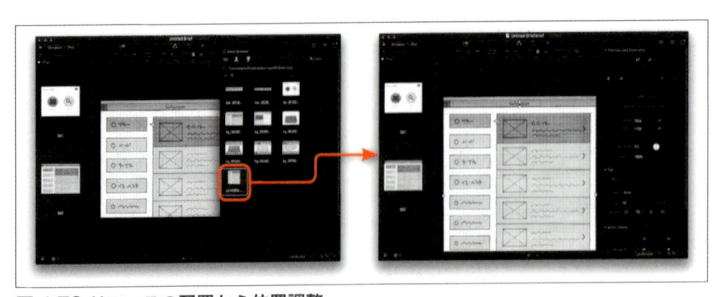

図 4.73 リソースの配置から位置調整

配置したアセットを選択後、[Actor]もしくは右クリックのメニューで[Define Scrollable Region]を選択します。上下左右に表示される[○]をドラッグし、画面内のスクロール領域を設定します。[○]で四方を囲まれている箇所が画面に表示される領域で、それ以外のグレーアウトされている箇所が、スクロールで表示される画像となります。領域を設定したら[Apply]で

設定完了です。スクロール範囲に事前にガイドを引いておくと範囲指定しやすくなります。

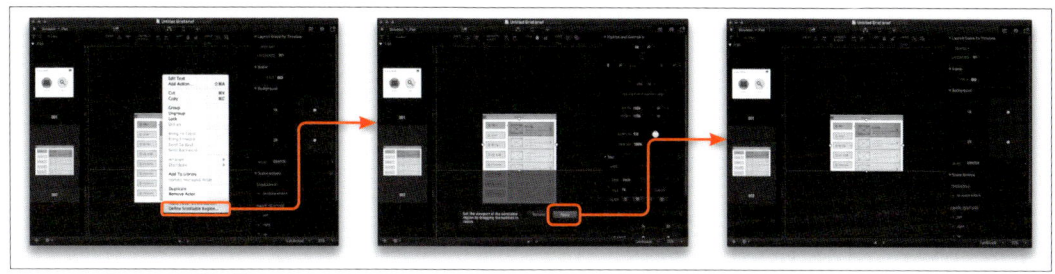

図 4.74 スクロール領域調整

「商品詳細」画面への遷移とトップの画面へ戻れるように設定します。新規で「商品詳細」画面のシーンを作成し、背景画像 [商品詳細] を読み込ませます。商品詳細画面への遷移ボタンと左上の戻るボタンに Hotspot を作成し、[Add Action]で「商品詳細」画面と最初に作成した画面にリンクします。

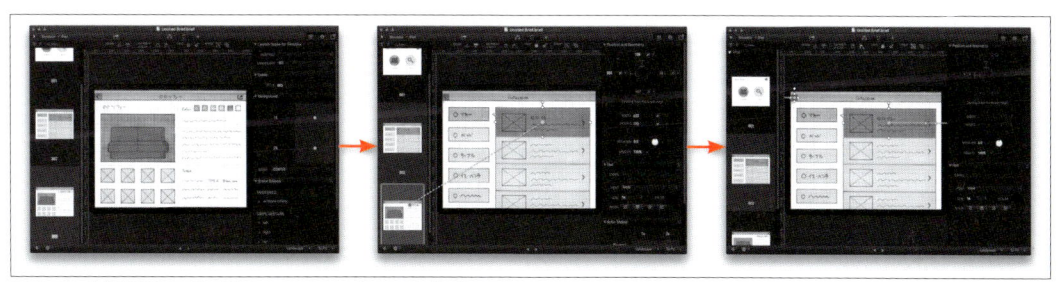

図 4.75 商品詳細画面作成から Hotspot とリンク作成

また、「商品詳細」画面から画像拡大表示とリンクも作成します。新規で「拡大表示」画面のシーンを作成し、アセットの [商品画像 01] を背景として設定して、リンクを作成します。

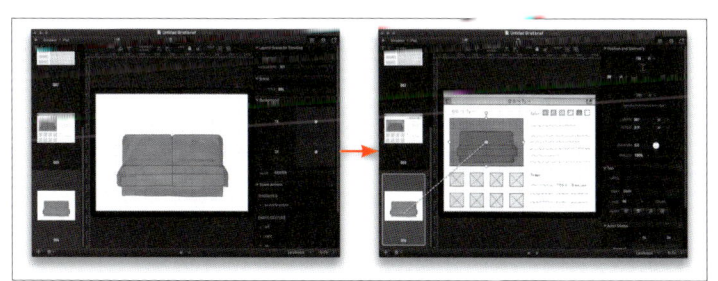

図 4.76 拡大表示画面作成からリンク作成

画面の一部を動かす

切り出したアセットを画面上に配置して、その部分だけを動かします。家具の詳細 [Asset Browser] から移動させる上下のナビゲーション画像アセットの [上部画像切り替え UI] と [下部画像切り替え UI] を、それぞれの移動スタート位置に配置します。

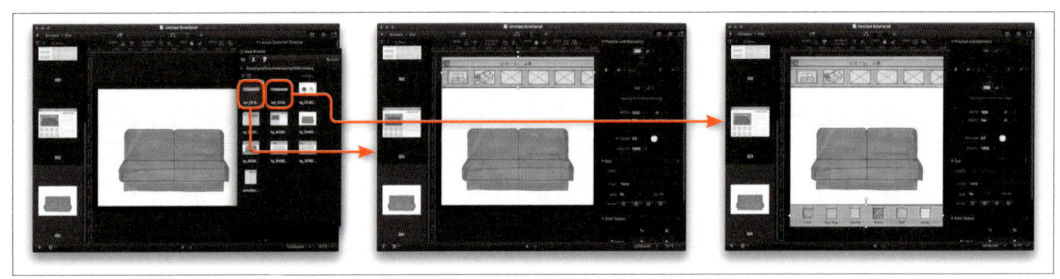

図 4.77 画像アセットの上部・下部配置

動作モックでは、すべての画面をタップすれば、上下からナビゲーションバーと画像の切り替え UI がスライド表示させるようにします。そのため、画面全体に Hotspot を作成します。作成した Hotspot の [Add Action] で、画像アセット [上部画像切り替え UI] を選択して紐付けます。

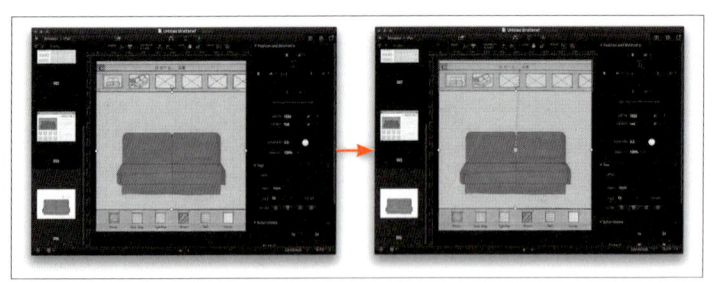

図 4.78 Hotspot 作成から画像アセット選択

アクションの種類を選択するウィンドウが表示されます。移動させる場合は [TRANSFORM] を選択します。表示される詳細設定画面で移動後のポジションやタイミングを設定します。

例えば、上部に配置するナビゲーションバーと背景画像切り替えのアセット [上部画像切り替え UI] の場合では、上部の画面外から画面最上部に移動させる、すなわちアセットを画面上部から 0pt の位置へ移動させるので、上下左右のチェックボックスで、上のチェックボックスのみを選択し、そこを 0pt（Briefs の単位は Xcode 同様 pt）にします。

また、バーが急に表示されるのではなく、上から下へスライドインする形に設定します。そのため、[DURATION] を 1s（最初の配置位置から配置後の位置まで1秒で移動）とします。

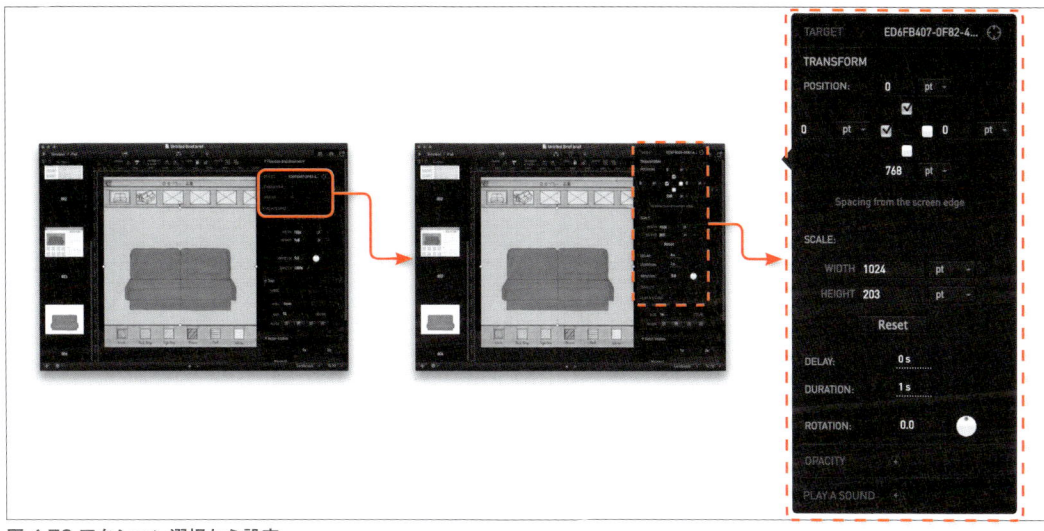

図 4.79 アクション選択から設定

　同様に下からスライドインするアセットにも動きを設定します。1つのHotspotに複数のアクションを設定できるので、先ほど作成したHotspotに[Add Action]で、2つ目の動かす画像アセットを選択して紐付けます。

　下部のソファーの色切り替えUIの[下部画像切り替えUI]は下部画面外から画面最下部に移動させるので（アセットを画面下部から0ptの位置へ移動）、下のチェックボックスを選択して、0ptにします。[DURATION]は上部のアセットと同様1sとします。

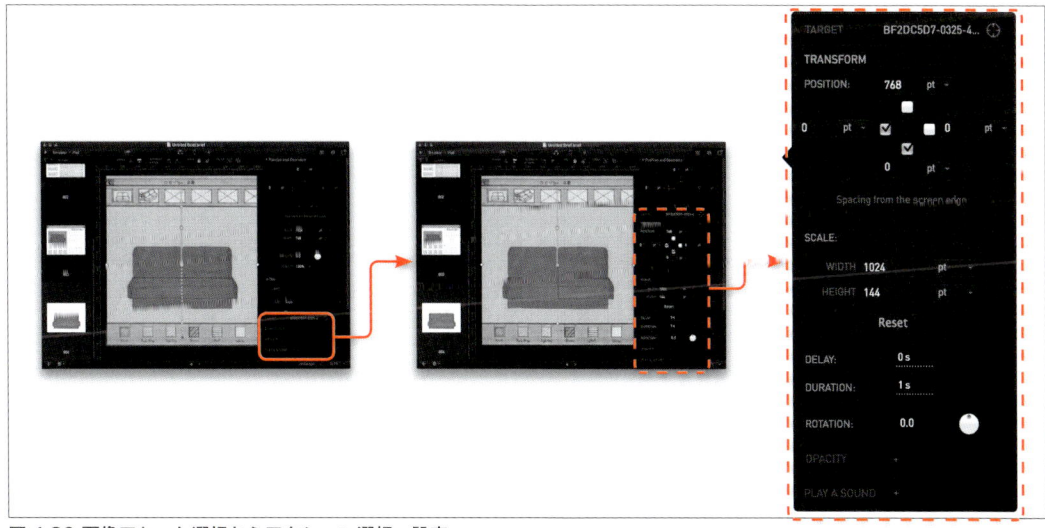

図 4.80 画像アセット選択からアクション選択・設定

Chapter 04

UI スライド後の画面切り替え

　これまでの手順で画面をタップすると上下からバーがスライドインするアクションを設定できました。しかし、このままでは画像リソースがスライド移動した後も、画面に Hotspol が残っています。そこで、画像アセットがスライドインした後、テスターなど動作モックを操作する人に意識させることなく、画面を切り替える必要があります。

　新規シーンを作成し、上下アセット移動後の画像である [商品画像 02] を背景画像に設定します。先ほどのシーンに戻り、上下画像切り替え UI をスライドインさせる Hotspot に [Add Action] で新規作成したシーンを紐付けます。上下アセットは 1 秒で指定位置へ移動するので、移動後にシーンが切り替わるよう [delay] に 1s を指定します（タップ 1 秒後に画面切り替え）。

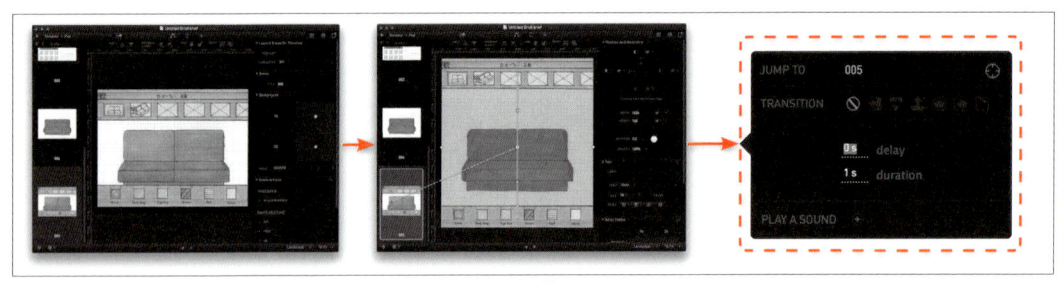

図 4.81 新規画像作成・背景設定からリンク作成とアクション調整

　同様に上部の背景切り替えボタンをタップすると別の背景に切り替わった画面へ遷移し、それ以外の画面をタップすると上下 UI が表示される前の画面に戻る、また、[戻る] ボタンで商品詳細画面へ戻るように設定します。[商品画像 02]、[商品画像 03]、[商品画像 04] の画面も新規で作成し、商品詳細や元の商品シーンへ戻るリンクを設定すれば動作モックは完成です。

　今回の動作モックには、主に Hotspot を使用しましたが、ボタン画像を用意してボタンタップ時の押下表現を付けることも可能です。他にも、画面の一部を透過させたり、スワイプやピンチといったタップ以外のジェスチャーで動かすように設定することもできます。

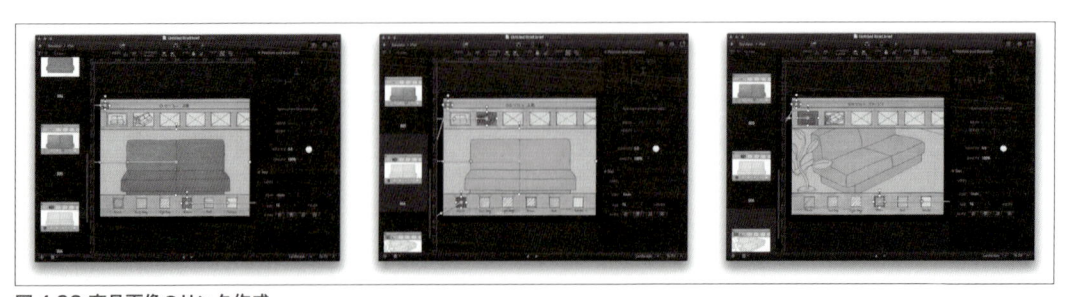

図 4.82 商品画像のリンク作成

端末での確認

　動作の確認は、画面左上の再生ボタンをクリックすると、シミュレータが起動します。そのシミュレータ上で動作モックを操作し、挙動を確認できます。

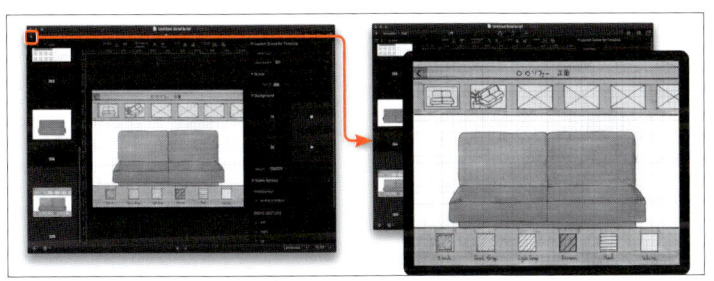

図 4.83 シミュレータでの動作確認

　iPadなどの端末上で確認する場合、使用端末に動作モック表示専用アプリ「Briefscase」をインストールします（iOS/Android共に各ストアからダウンロードできます）。「Briefscase」をインストールした端末とBriefsを使用しているMacを同じネットワークに接続します。[File]から[Publish Brief]を選択するとiPadとの同期が開始します。

図 4.84 Briefs と Briefscase の同期

　BriefsとRriefscaceの同期が完了すると、Briefscase上に作成したファイルが表示されます。選択すると動作モックの操作を開始します。
　なお、上記のネットワーク経由の同期ではなく、Mac版「iTunes」がインストールされているMacにiPadをUSB経由で接続して、データを渡すことも可能です。「iTunes」の[App]から[Briefscases]を選択し、Macに保存されている「Briefs」のファイル（拡張子「briefs」）をドラッグ＆ドロップでiPadにインストールすることも可能です。また、「Dropbox」に保存したファイルを読み込むこともできます。

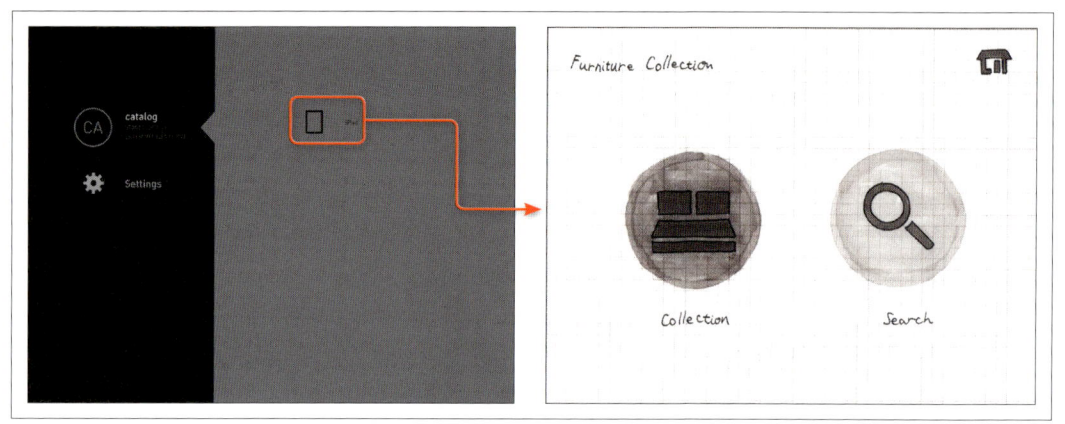

図 4.85 Briefscase 同期完了後と Briefscase の実行

　本節で説明した通り、「Briefs」で動作モックを作成することで、「POP」では実現できないさまざまな動きや細かい設定が可能です。多機能で表現力が高く、本物のアプリに近い挙動の動作モックを作成できます。コンペのプレゼンなどで使うなど、ビジュアルが整いアプリの動きにも完成度が求められるケースでは最適と言えるツールです。ただし、簡易テスト目的のプロトタイプ作成ツールとしては、明らかにオーバースペックと言える場合もあるので、必要に応じてツールを使い分けることを検討しましょう。

4-3 プロトタイピングツール紹介

本章では「POP」と「Briefs」を中心に解説していますが、デザインカンプや画像リソースを用いて動作モックを生成するツールやWebサービスは、他にもたくさんあります。本節では、その一部を紹介します。

ソフトウェア価格やサービス利用料金、作成できるプロトタイプのクオリティ（忠実度）、ユーザーに求められるスキル、作成に要する時間など、ツール個々によりさまざまなので、利用する目的とスキルに最適なプロトタイプツールを選択しましょう。

Demonstrate

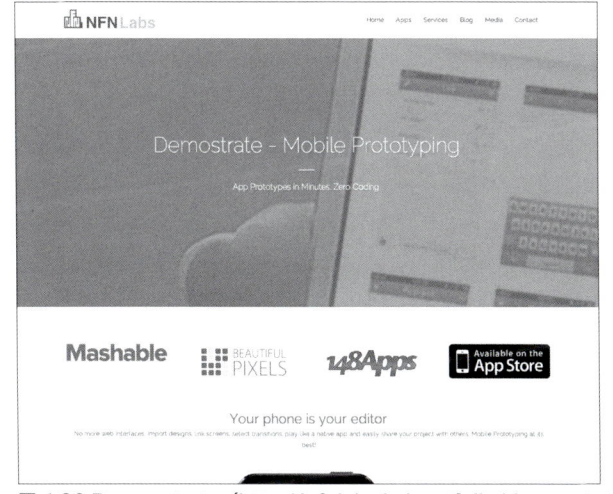

価格：$4.99
※1プロジェクト・6スクリーンまでのフリートライアル
作成に必要な環境：iOS
プロトタイプ対象：iOS

図4.86 Demonstrate（http://nfnlabs.in/portfolio/demonstrate-mobile-prototyping/）

「POP」と同様、スマートフォン端末のみでプロトタイプを作成できます。iPhone内もしくはDropboxからイメージをインポートし、タップスペースを作成して他の画面にリンクさせます。

豊富なトランジションが用意されており、シンプルな操作で高品質な動作モックを作成するできます。作成したプロトタイプは、そのまま端末上で操作して確認でき、メールやメッセージでプロトタイプを送信することも可能です。

Chapter 04

Flinto

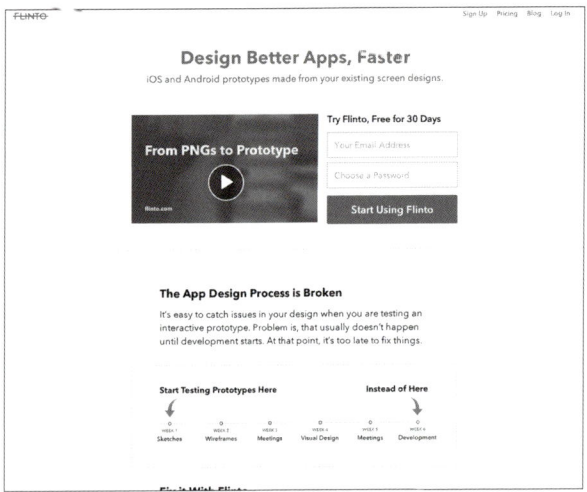

図 4.87「Flinto」(https://www.flinto.com/)

価格：$20/月（年間契約で 10%OFF）
※ 30 日間のフリートライアル
作成に必要な環境：Web ブラウザ
プロトタイプ対象：iOS、Android

　Web ブラウザ上で動作するプロトタイプを作成する Web サービスです。タップエリアを選択して画面同士をリンクさせます。ボタンなどのタップ領域を自動で認識して候補を提案する機能も搭載されています。また、動作モックにアクセスできる URL を生成してチームで共有することもできます。さらにアプリアイコンを設定でき、生成された URL をホーム画面にショートカットとして追加すると、アイコンがホーム画面に表示されます。

Marvel

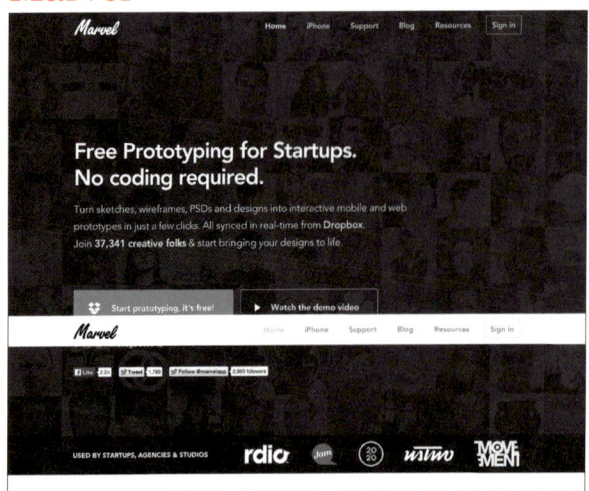

図 4.88「Marvel」(https://www.marvelapp.com/)

価格：無料
作成に必要な環境：Web ブラウザ
プロトタイプ対象：デスクトップ、スマートフォン

「Marvel」も「Flinto」と同様にWeb上でプロトタイプを作成するWebサービス型のプロトタイピングツールです。最大の特徴として、JPEGやPNGファイルのみならず、PSDファイルも読み込むことができます。また、Dropboxとの連携が前提で、Dropbox内のファイルを修正するとMarvel側にも自動的に変更が反映されます。プロトタイプをシェアするURLも生成されます。有料プランがなく、基本無料で利用できることもMarvelの特徴と言えます。

なお、iOS版のみですが、「POP」と同様にアプリのみでプロトタイプを作成できるアプリ（https://www.marvelapp.com/iphone/）も公開されています。メールやメッセージで他のメンバーと共有することができます。

InVision

価格：3プロジェクト $15/月
　　　無制限 $25/月
　　　※1プロジェクトのフリートライアル
作成に必要な環境：Webブラウザ
プロトタイプ対象：デスクトップ、スマートフォン

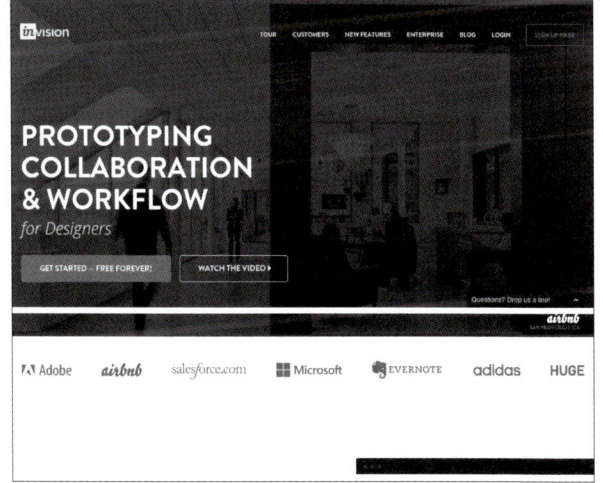

図4.89「InVision」（http://www.invisionapp.com/）

「InVision」はWeb上で動作するプロトタイプを作成し、画面遷移を確認できるサービスです。動作モックにアクセスできるURLを生成して、他のプロジェクトメンバーやテストユーザと共有することができ、プロトタイプに対するコメントを入力する機能もあります。また、DropBox連携してファイルを共有することができます。

なお、プロトタイプの対象はスマートフォンのみではなく、デスクトップで表示するWebサイト向けのモックも作成できます。

Proto.io

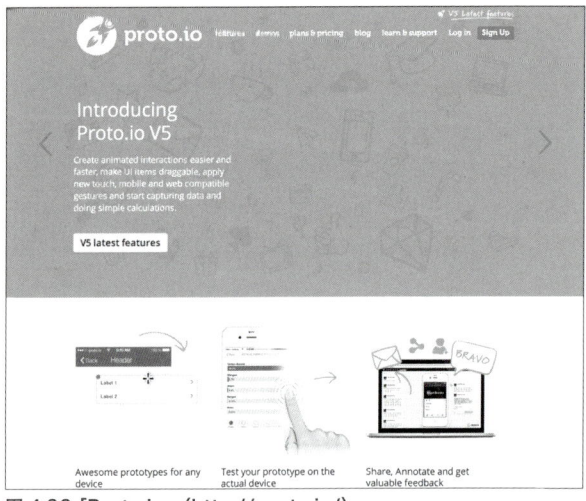

図 4.90「Proto.io」(http://proto.io/)

価格：3 プロジェクト：$24/ 月
　　　10 プロジェクト：$49/ 月
　　　※ 15 日間のフリートライアル
作成に必要な環境：Web ブラウザ
プロトタイプ対象：デスクトップ、スマートフォン

「Proto.io」も Web ブラウザ上で動作するプロトタイプ作成サービスです。他の Web サービスと比べると機能が豊富で、細かいアニメーション調整も可能です。ピンチなど多くのジェスチャーに対応しており、ユーザーの入力値により表示される結果が変わるなど、かなり本格的なユーザーレビューやテストが可能です。また、画面サイズが自由に設定でき、対象端末を選ばないことも特徴です。ただし、機能が豊富で細かいアニメーションを調整できる反面、比較的高価です。

Stand In

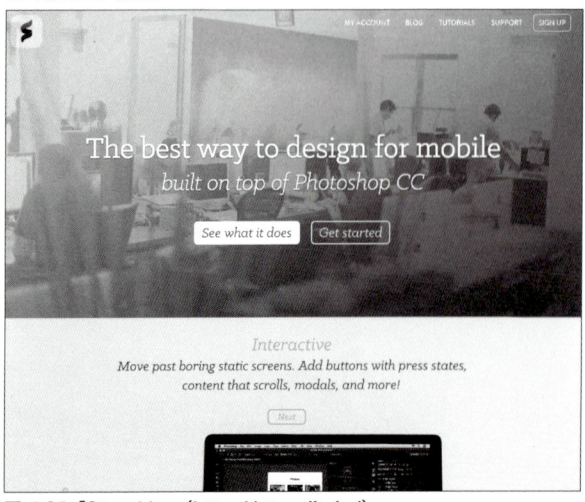

図 4.91「Stand In」(http://standin.io/)

価格：$25 〜 / 月
　　　※ 14 日間のフリートライアル
作成に必要な環境：Mac OSX 10.7 以降 /
　Photoshop CC
プロトタイプ対象：iOS

「StandIn」はPhotoshop用のエクステンションを使って、iOS向けのプロトタイプを作成するツールです。ボタンなどタップ領域となる要素のレイヤー名に遷移方法や遷移先などの情報を記載して、その通りに動くプロトタイプを作成します。エクステンションには、スクリーンやモーダル、タブバー、タイトルバーなど、iOSの標準UIエレメントや標準画面遷移パターンが用意されています。

専用のiPhone版プレビューアプリ「Stand In Prototype Viewer」（無料）をインストールして、操作できる動作モックとして表示します。また、プロトタイプをプロジェクトメンバーなど他者との共有することも可能です。Mac環境でしか使用できず、iOSのみにしか対応していない制限があります。

Storyboard (Xcode)

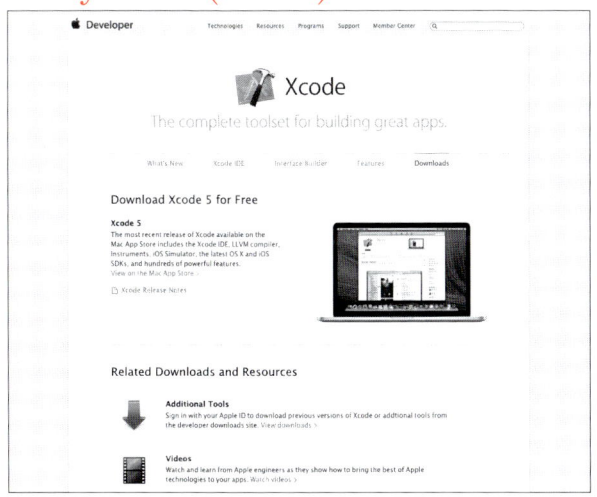

価格：無料
作成に必要な環境：Mac OSX 10.8以降
プロトタイプ対象：iOS

図 4.92「Storyboard」（https://developer.apple.com/xcode/downloads/）

「Storyboard」は、Xcode4.2から新たに搭載された、アプリをグラフィカルに構築できる機能です。当然iOSネイティブなので、Storyboardでプロトタイプを作成すると、基本的なUIや画面遷移などは実物のiOSアプリと全く同じものになります。また、ピッカーや入力フォームなどのインタラクティブなビューも追加でき、実際のiOSアプリと同じ動きを持たせることが可能です。

ただし、Xcodeは元々開発者向けのコーディングツールで、そもそもプロトタイプ作成を目的とするものではありません。そのため、プログラミングスキルの低いデザイナーがプロトタイプ作成に利用するツールとしては、比較的難易度が高い部類に入ります。

Origami

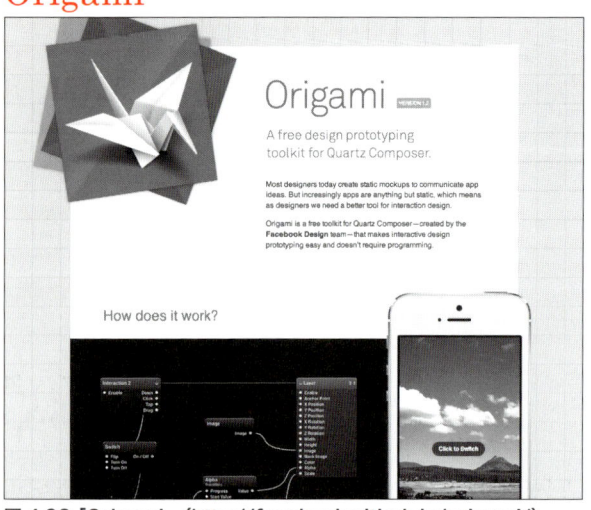

図4.93「Origami」(http://facebook.github.io/origami/)

価格：無料
作成に必要な環境：Mac OSX 10.8 以降
プロトタイプ対象：デスクトップ、スマートフォン

　Facebookデザインチームが使っているツールキットで、本節でこれまで紹介したツールとは異なり、「Quartz Composer」でプロトタイピングするためのパッチです。
　モバイルアプリ用のパッチが数多く用意されているため、静的イメージを貼り合わせて作成するプロトタイプでは表現しきれない動きを正確に伝えることが可能です。ただし、「Origami」でプロトタイプを組み立てるには、Quartz Composerの基本をマスターする必要があるため、導入のハードルは比較的高く、作成にも時間を要します。また、Quartz Composerを利用するには、Apple Developerへの登録が必要となります。

Chapter 05

● プロトタイピングの実践

Chapter 05

5-1 TiltShiftGen2

　本章では、実際に作成したプロトタイプをもとに、プロトタイピングを実施する際の考え方や作成手順を解説します。まずは、「TiltShiftGen2」です。

5-1-1　TiltShiftGen2 プロトタイプ

　前作の「TiltShift Generator」は 2009 年リリースのカメラアプリです。撮影した写真やアルバム内の画像をミニチュア風写真に加工できるアプリです。ミニチュア風写真をモバイル端末で撮影できることは当時としては目新しく、累計 50 万本以上がダウンロードされています。しかし、2013 年に iPhone 5s と iOS 7 の発表に伴い、大幅なリニューアルが必要となります。画面サイズの変更はもちろん、新たにフラットデザインが導入されたためです。

ステートメントシート

　リニューアル版である「TiltShiftGen2」のステートメントシートは、基本的に「TiltShift Generator」の基本コンセプトを継承しています。既存アプリの方向性のままで、リリース後の 4 年間で投入された新技術 GPU やライブプレビュー、iOS 7 独特の表現であるパララックスやブラーなどを取り入れています。また、アプリ自体の大幅な変更よりも、「旧ユーザーの使い勝手に影響を与えずに、いかに新機能を追加するか」に注力しています。

●ステートメント
　写真にミニチュア風エフェクトなど、さまざまなエフェクトや補正を簡単に掛けられる写真アプリに、iOS 7 の最新表現を適用したリニューアル版。

●ターゲット
・「TiltShift Generator」のユーザー
・新しい iOS 7 のフラットデザインに興味あるユーザー（iPhone 5S 発売と同時リリース）。

●ユースケース
- 山頂や展望台などで起動し、即座に加工してミニチュアエフェクト。ライフサイクルは短い。
- 「ユーザーは暇な時にアルバムの写真を取り出して加工しない」ことを前提。

●コア機能
- 撮影　　　・リアルタイムフィルタ、ぼかし、画像補正
- 投稿

●諦めること
- フレーム　　・スタンプ　　・落書き

画面フローとペーパープロトタイプ

下図が「TiltShiftGen2」の画面フローです（図 5.1）。

このフロー図をベースに、TiltShiftGen2 のペーパープロトタイプを作成していきます。ペーパープロトタイプから最終的にどのようになったかを比較するため、本項では実際のスクリーンショットと並べて掲載します（図 5.2 〜 5.14）。

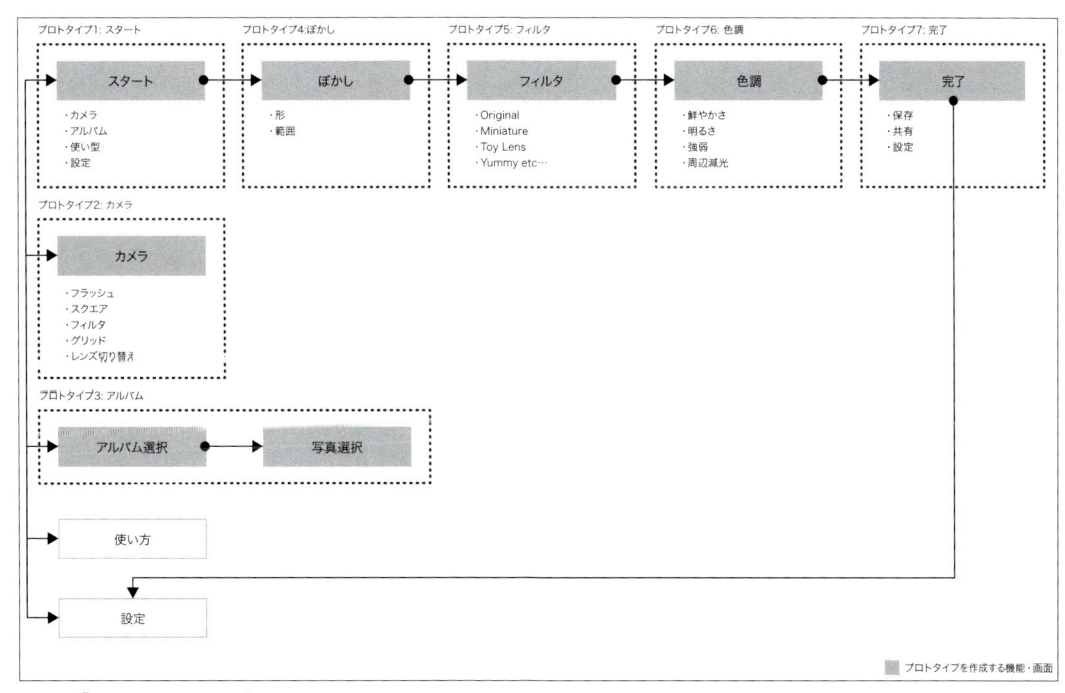

図 5.1「TiltShiftGen2」画面フロー

Chapter 05

図 5.2 スタート画面

図 5.3 カメラ

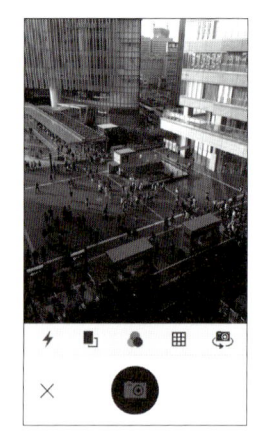

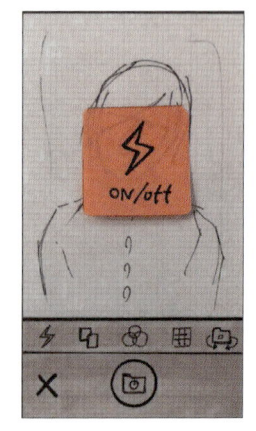

図 5.4 カメラ(フラッシュ)

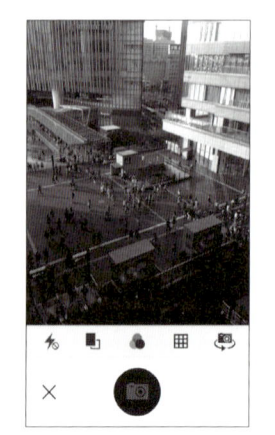

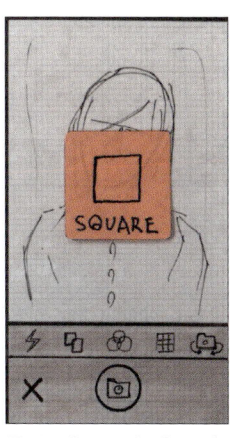

図 5.5 カメラ（スクエア）

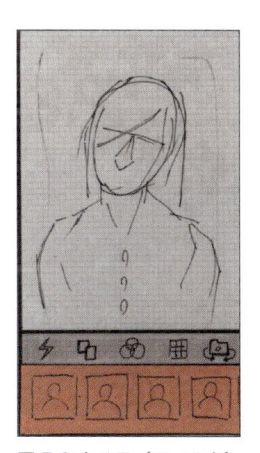

図 5.6 カメラ（フィルタ）

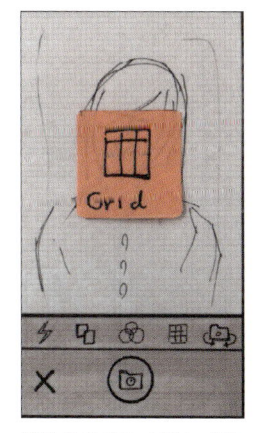

図 5.7 カメラ（グリッド）

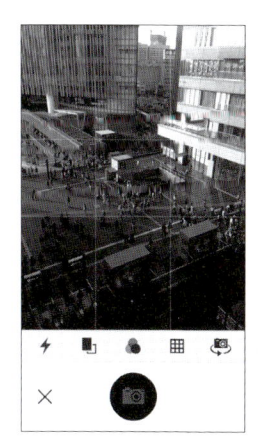

Chapter 05

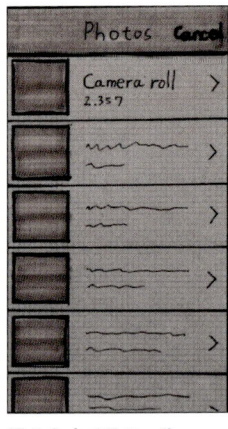

図 5.8 カメラロール

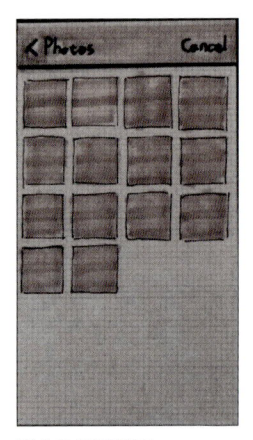

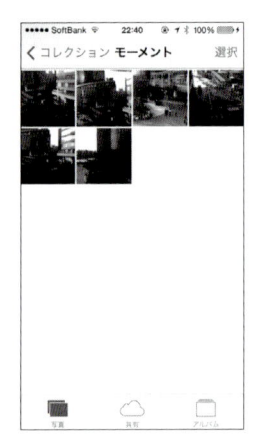

図 5.9 写真選択

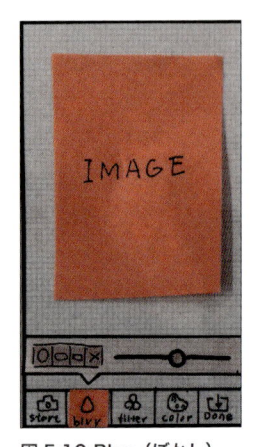

図 5.10 Blur（ぼかし）

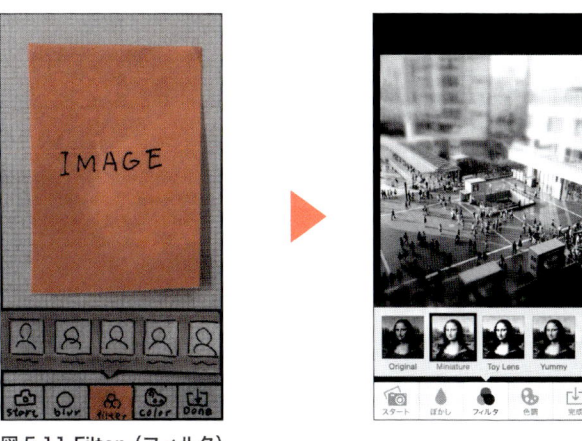

図 5.11 Filter（フィルタ）

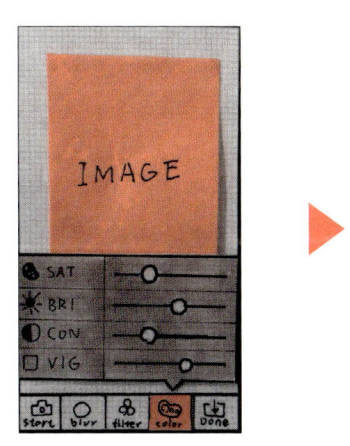

図 5.12 Color（色調）

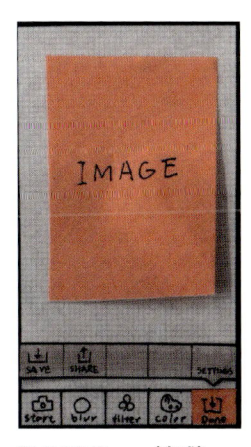

図 5.13 Done（完成）

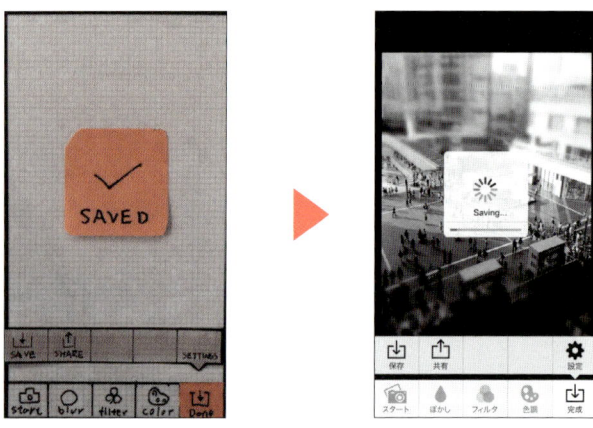

図 5.14 Save（保存）

動作モック

本項で紹介した TiltShiftGen2 のペーパープロトタイプを iPhone に取り込み、「POP」で作成した動作モックを下記で公開しています。

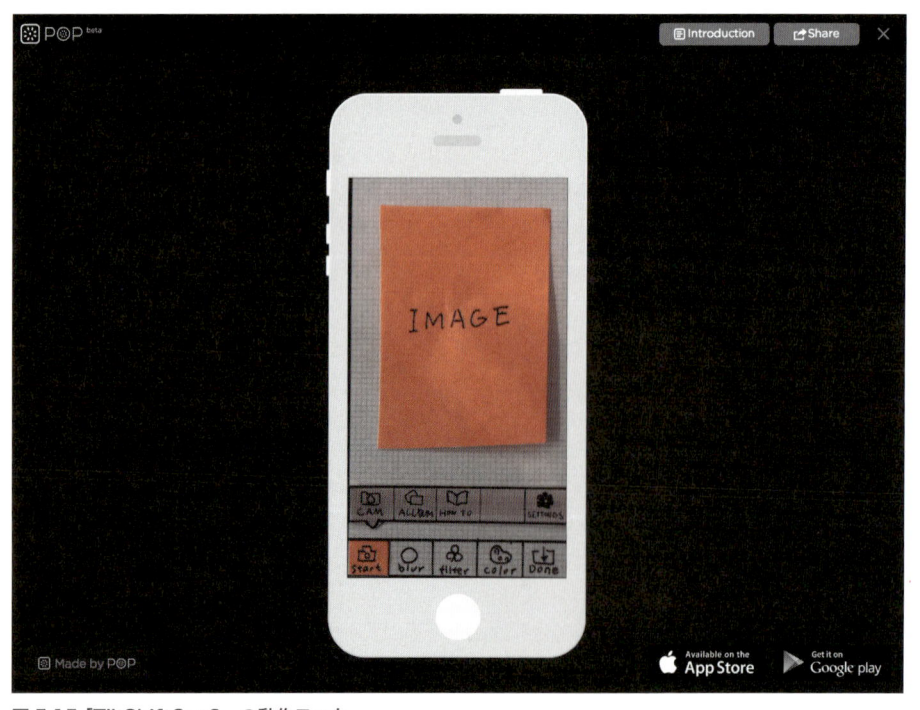

図 5.15 「TiltShiftGen2」の動作モック
https://popapp.in/w#!/projects/531882f4611cd46732f9cfd7/preview/

5-2 カーシェアリングアプリ

本項では、カーシェアリングを利用するユーザーが自動車を検索するためのアプリケーションを想定して、ペーパープロトタイピングを実施します。

5-2-1 分析・仮説

急に車が必要となったユーザーが、手元のスマートフォン端末で、付近にあるすぐに使える自動車を素早く見つけるためのアプリケーションです。機能はなるべく少なくシンプルにし、無駄なくユーザーの目的を達成できるようにします。

ユースケースと利用シーン

このアプリのユースケースやターゲットユーザー、利用シーンなどは以下の通りです。

●ユーザーの利用状況
- who：仕事やプライベートで急に車が必要になった人
- what：付近にあるすぐに使える自動車を探す
- when、where：必要になったタイミング、オフィス・自宅・屋外で探す
- how：手元のスマートフォン端末で手軽に探す
- why：できるだけ短時間で近くの使える自動車を手軽に見つける

●ターゲットユーザー
- 不特定で自動車が必要になる人（ビジネスパーソン、専業主婦、学生）
- ※ カーシェアリング自体が日常的に車が必要ではない人が利用するサービスなので、都心など公共交通機関が発達している都会に住んでいる人向け

●ユースケース
- 突発的に発生した営業訪問や打ち合わせ、遊びに行く時などに、オフィスや自宅近くのいつ

も使っているカーシェアリングのステーションに使える自動車があるかを確認する
・買い物で予定以上に購入して荷物がかさばった場合など、外出中に現在地に近くすぐに使える自動車のあるステーションを探す

● 利用シーン

場所	・オフィス、自宅、外出先
環境	・屋外での使用も想定されるので、通信環境はあまり良くない
時間帯	・仕事、お出かけや遊びに行く時間帯、主に日中（深夜や早朝は少ない）
利用時間	・5-10分程度
利用頻度	・週数回〜月数回まで（通常自動車を使わない人向けなので、毎日何度も使うことはない）
集中して使えるか 邪魔が入るのか	・屋外、仕事中など急に必要になった状況で使うのであまり集中できない ・邪魔は入りやすい

表 5.1 利用シーン

● ワークフロー

タスク	・最寄りのカーステーションの検索 ・すぐに使えるのか、いつから使えるのかなど利用可能状況確認 ・利用料金の確認
必要なデータ	・借りる時間 ・会員ID・パスワード（契約している会員情報）
その他	・事前に会員登録や契約は済ませている

表 5.2 ワークフロー

要件定義と機能精査

上記の情報をベースに、カーシェアリングアプリ全体の機能を考えます。洗い出した機能をコア機能と周辺機能に分類し、何が必要か、どのカテゴリに属すかもあらかじめ列挙します。

カーシェアリングアプリの機能	
・予約する	・お知らせ
・予約リスト	・新規会員登録
・アカウント管理	・料金シミュレーション
・チュートリアル	

表 5.3 機能候補

メインは自動車を予約する機能と、予約に必要なアカウント情報などを管理する機能となります。予約に関連する機能にアカウント管理機能が付随しているとも言えます。予約関連の周辺機能として、車を探すための地図表示や場所検索、候補となる車の詳細情報表示、日付の絞り込みや決済などの予約フローが挙げられます。また、予約内容の詳細表示や変更、通知機能など予約

情報に関連する機能が必要です。アカウント管理には、ユーザー情報の表示や変更、決済情報などの機能が挙げられます。

その他の機能として、チュートリアルやお知らせ、料金シミュレーションなども考えられますが、最寄り車両を素早く見つけて予約するだけのシンプルなアプリを想定して、今回は不要と判断します。なお、新規会員登録には、身分証明や書類提出など煩雑な処理が必要なため、アプリでは行いません。

カーシェアリングアプリの機能	
・予約する	・お知らせ
・予約リスト	・新規会員登録
・アカウント管理	・料金シミュレーション
・チュートリアル	

表 5.4 精査後

機能精査の結果、コアとなるのは以下の3つが考えられます。

- 予約する
- 予約リスト
- アカウント管理

ステートメントシート

ここまでの内容をまとめ、ステートメントシートを作成します。カーシェアリングアプリのステートメントシートは以下になります。

●ステートメント

急に車が必要となったユーザーが、手元のスマートフォン端末で、付近にあるすぐに使える自動車を素早く見つける。

●ターゲット

不特定で自動車が必要になる人（ビジネスパーソン、専業主婦、学生）、主に都心部在住。

●ユースケース

・突発的に発生した営業訪問や打ち合わせ、遊びに行く時などに、オフィスや自宅近くのいつも使っているカーシェアリングのステーションに使える自動車があるかを確認する。

- 買い物で予定以上に購入して荷物がかさばった場合など、外出中に現在地に近くてすぐに使える自動車のあるステーションを探す。
※ カーシェアリングサービスに依存するため、ユースケース＝自動車のユースケースとなる

●コア機能
- 予約する
- 予約リスト
- アカウント管理

●諦めること
- 新規会員登録など、契約に書面や煩雑な手続きが必要なこと

5-2-2　ペーパープロトタイピング

プロトタイプを作成する前に、前項「分析・仮説」の結果に基づいた要素の整理を行います。具体的には、要素のリスト化、グルーピング、構造化を実施します。コア機能から導き出される要素を構造化すると以下の通りです。

	第1階層	第2階層	第3階層
予約機能	・予約する（自動車検索）	・検索結果	・自動車詳細
予約リスト機能	・予約リスト	・予約詳細	
アカウント管理機能	・ログイン	・ID/パスワード入力	
	・アカウント情報	・アカウント情報変更	

表 5.5 構造化

アプリのタイプ

アプリの規模により、上記の機能をどこまで実装するかが変わります。まずは、アプリの規模感をベースに、どのような画面イメージになるかを把握します。

●ユーティリティ型
アプリ画面数を1画面から最大3画面にまとめ、最小限の機能のみ実装します。予約と予約リストを対となる主役とし、他の機能を全てサブ機能にするタイプです。

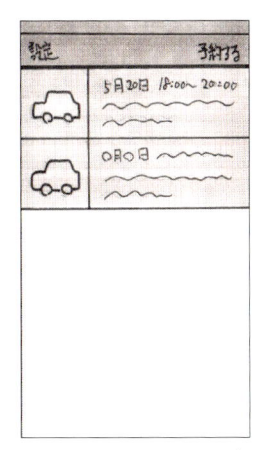

図 5.16 ユーティリティ型

Pros	Cons
・機能が明解で分かりやすい ・シンプルな構成でコンパクトにまとまる	・提供できる機能が少ない ・拡張性が低い

表 5.6 ユーティリティ型プロコンリスト

● **タブ型**

画面下部のタブで機能を切り替えることができるタイプです。

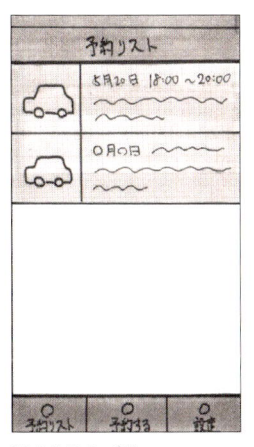

図 5.17 タブ型

Pros	Cons
・アプリの拡張がしやすい ・複数の機能をスムーズに移動できる	・アプリに大型化の兆候 ・1つの操作に集中させにくい

表 5.7 タブ型プロコンリスト

●ドロワー型

左側にドロワーを出して引き出すタイプです。

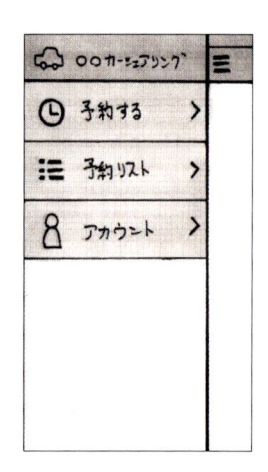

図 5.18 ドロワー型

Pros	Cons
・将来の拡張性に余裕がある	・アプリが肥大化する ・ツリーのルートまで戻らないと、他の機能に移動できない ・タップ数が増えやすい

表 5.8 ドロワー型プロコンリスト

タイプ別に検討

アプリのステートメントは、「付近にあるすぐに使える自動車を素早く見つける」です。そのため、シンプルでフットワークの軽いアプリが求められます。この考えをベースに前述の3タイプを掘り下げていきます。

ユーティリティ型では、予約リストの確認性を重視、予約を重視、予約と予約リストの確認性を等価値にした3パターン、各機能への平行移動の容易さを重視するタブ型、将来的な拡張性を考慮したドロワー型、合計5パターンのペーパープロトタイプを作成し、各案のプロコンリストと共に検証します。

●A案（ユーティリティ型）

予約済みの車一覧リストを最初に表示するタイプです。予約リストをすぐに確認でき、また予約も可能です。後述のB案は予約を重要視しますが、A案は予約リストの確認を最重要と考えます。

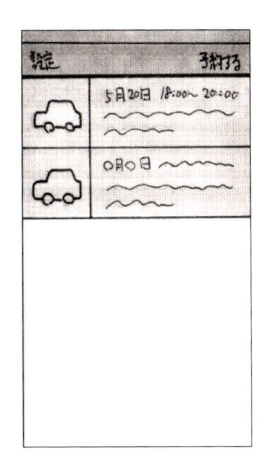

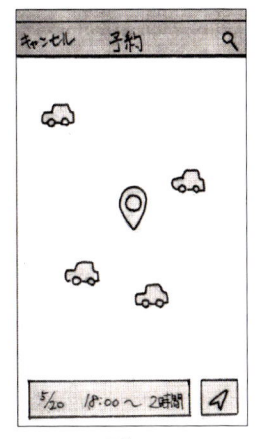

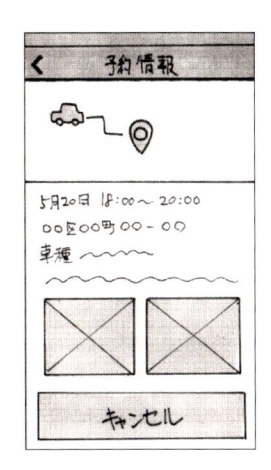

図 5.19 A 案プロトタイプ（ユーティリティ型）

Pros	Cons
・予約がすぐに確認できる	・予約するのに 1 ステップかかる

表 5.9 プロコンリスト（A 案）

● B 案（ユーティリティ型）

　車を検索・予約するための画面を最初に表示するタイプです。A 案の予約リスト確認優先とは違い、すぐに予約ができることを重視したプロトタイプです。もちろん、予約リストもすぐに確認できます。予約と確認のどちらを重要視するかが、A 案と B 案のどちらを選択するかの判断基準となります。

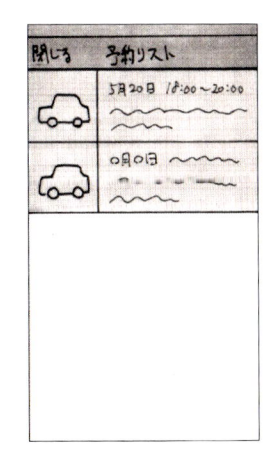

図 5.20 B 案プロトタイプ（ユーティリティ型）

Pros	Cons
・予約がすぐにできる	・予約確認に 1 ステップかかる

表 5.10 プロコンリスト（B 案）

● C案（ユーティリティ型）

予約と予約リストを等価にしたタイプです。上部のセグメンテッドコントロールで予約と予約リストを切り替えられます。

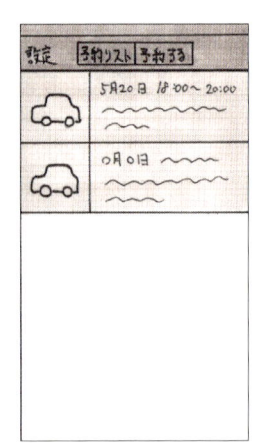

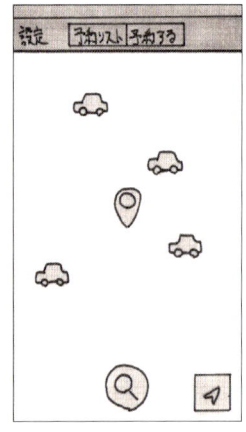

図 5.21 C案プロトタイプ（ユーティリティ型）

Pros	Cons
・予約と予約の確認が等価 ・タブ型と比べるとAndroidとの互換性がある	・優先順位が曖昧

表 5.11 プロコンリスト（C案）

● D案（タブ型）

コア機能である「予約する」「予約リスト」「アカウント管理」の3つのタブで構成します。

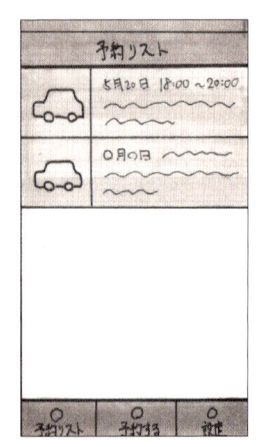

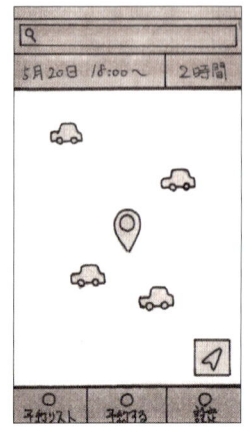

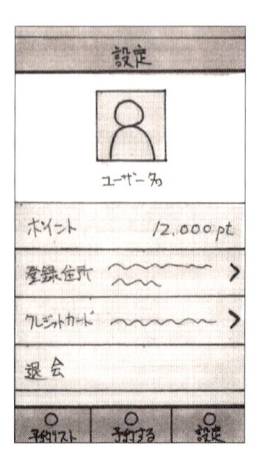

図 5.22 D案プロトタイプ（タブ型）

Pros	Cons
・機能拡張しやすい ・予約と予約リストを簡単に行き来できる	・特になし（3機能なら複雑すぎない）

表 5.12 プロコンリスト（D案）

● E案（ドロワー型）

　将来的な拡張性を考慮して、左サイドにドロワーメニューを表示させます。タブ型同様、「予約する」「予約リスト」「アカウント管理」の 3 機能を切り替えます。

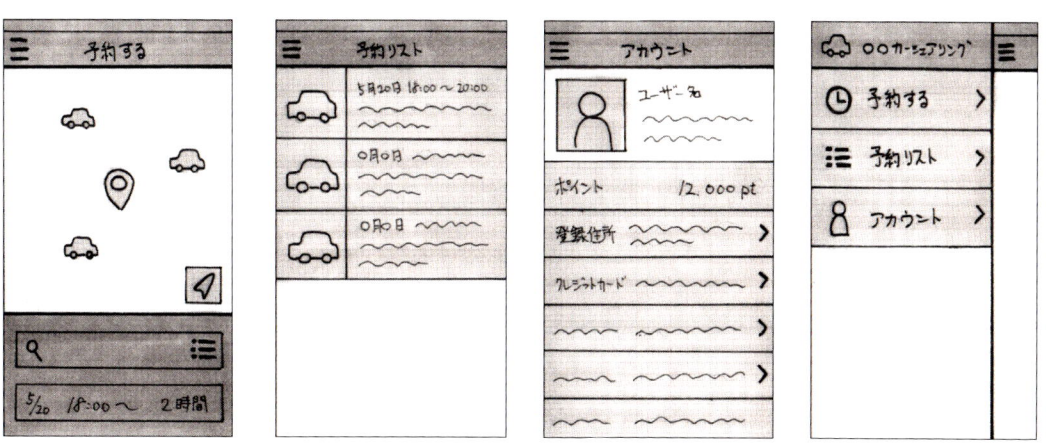

図 5.23 E案プロトタイプ（ドロワー型）

Pros	Cons
・さまざまな機能をつめこめる	・階層構造が深く、複雑になる

表 5.13 プロコンリスト（E案）

タイプの採択

　最終的には、カーシェアリングアプリでは A 案を採択します（図 5.24）。

　ステートメントと照らし合わせると、基本的に最小の機能実装にすべく、ユーティリティ型の採用が適していると判断できます。そして、操作の優先順位は、予約することよりも予約情報を見逃さないことを優先します。

　トップ画面を予約画面にすると、ユーザーが能動的に予約リストを閲覧する頻度が落ちます。そのため、トップは予約リスト画面であることが順当です。もちろん、予約そのものも大事な機能であるため、1 タップで予約画面を呼び出せるように配慮します。ただし、予約件数が 0 件の場合は、最初から予約画面（マップ）を表示するようにします。

Chapter 05

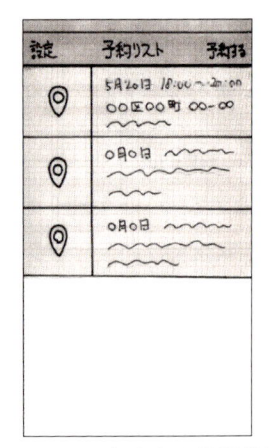

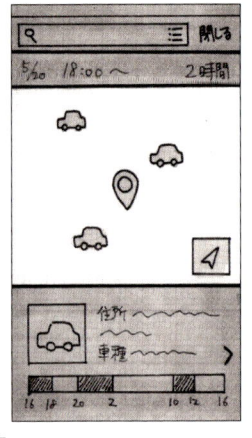

図 5.24 プロトタイプ最終構成案

　選択したアプリタイプからアプリの画面フローを考えます。A 案をベースに検討すると、全体構成と画面の流れは以下の通りです。

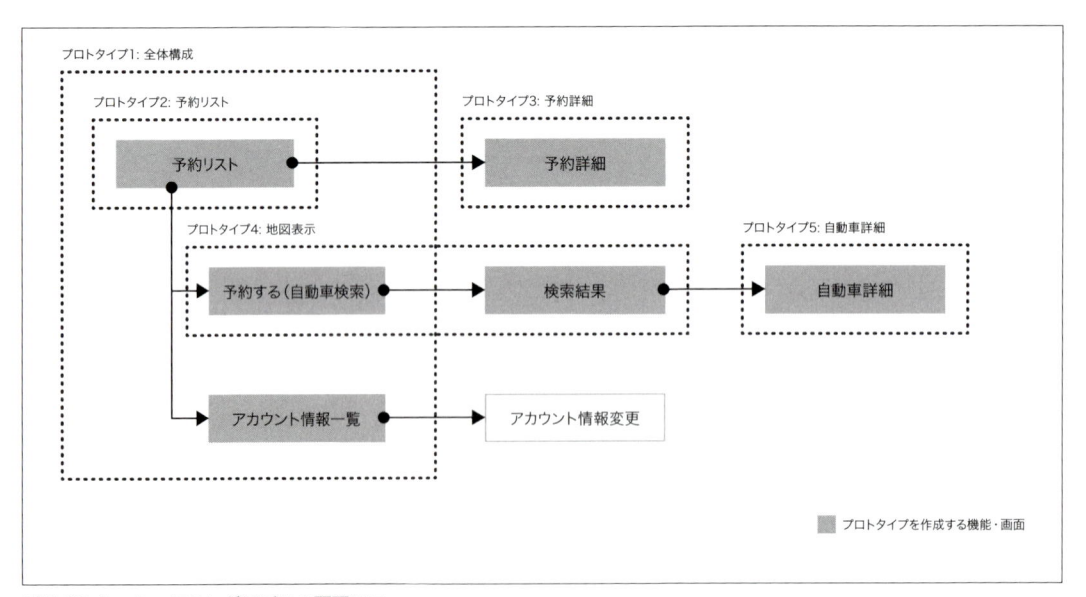

図 5.25 カーシェアリングアプリの画面フロー

プロトタイプ：予約リスト

　アプリのタイプを選択し、画面フローをはじめとした全体構成が定まったところで、個別のページを検討します。予約リストの検討事項として、大きい絵として地図を入れるべきか、車の写真

を入れるべきかが考慮すべきポイントです。また、一度に大量の予約を入れる可能性は少ないため、カード形式で1予約を大きく表示することも検討します。

● A：地図重視

マップをサムネイルにした場合のパターンです。場所ベースで探すのに優れています。

図 5.25 予約リスト（A）

表 5.14 プロコンリスト

Pros	Cons
・カーステーションの場所を探しやすい	・同階層で車の情報が分からない

● B：自動車情報重視

車種をサムネイルにした場合のパターンです。場所についてから探すのには便利ですが、通常駐車場に行けばすぐ見つかると考えられます。

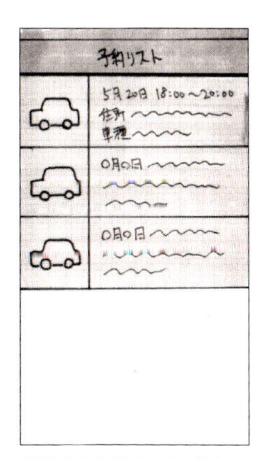

図 5.26 予約リスト（B）

表 5.15 プロコンリスト

Pros	Cons
・到着してから予約した車を探しやすい	・カーステーションの場所を一覧の階層で把握できない

● C：カード型

一度に大量の予約を入れることは考えにくいため、1予約を1カードとして扱い画像を大きくとったレイアウトパターンです。

Pros	Cons
・地図と車種のサムネイル両方表示できる	・リストの一覧性が低下する （一覧表示できる予約の数が減る）

図 5.27 予約リスト（C）　　表 5.16 プロコンリスト

プロトタイプ：予約詳細

予約詳細ページのプロトタイプを作成します。表示すべき情報を列挙します。

- 地図
- 住所
- 車種
- 価格
- 貸し出し開始日時
- 貸し出し終了日時
- 現在のステータス（受領したか否か）
- キャンセルボタン

付随情報としては、以下の要素が考えられます。

- 料金プラン
- サービスオプション
- 備考（オーディオの故障など）
- 緊急連絡先

「詳細画面」なので、基本的には全ての情報を表示すれば事足ります。ここで考えるべきポイントは、「一画面に抑えられるかどうか」といった表示内容の精査や表示方法の工夫、「地図情報と車情報のどちらがプライオリティが高いか」といった表示する優先順位です。

● A：一画面表示型

スクロールが発生しないように、できるだけ一画面に入れることを配慮したレイアウトパターンです。

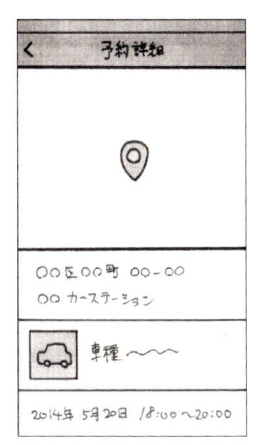

図 5.28 予約詳細（A）

表 5.17 プロコンリスト

Pros	Cons
・ファーストビューで全情報を表示できる	・表示できる情報が限られる

● B：地図優先型

マップの表示を最優先にしたレイアウトパターンです。

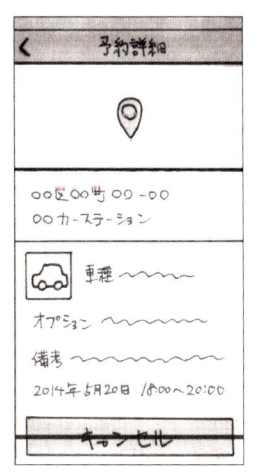

図 5.29 予約詳細（B）

表 5.18 プロコンリスト

Pros	Cons
・ファーストビューでカーステーションの位置が分かる	・車両情報もしくは予約情報を表示するのにスクロールが発生する

● C：車両情報優先型

車のサムネイルや車名といった、車両情報を最優先にしたレイアウトパターンです。

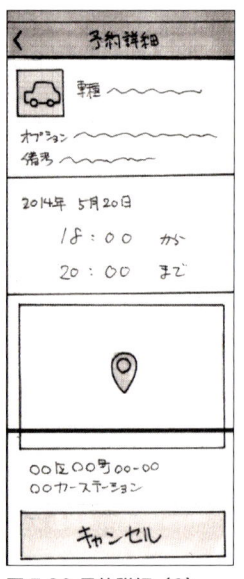

Pros	Cons
・ファーストビューで車両サムネイルが表示される	・地図もしくは予約情報を表示するのにスクロールが発生する

図 5.30 予約詳細（C） 　　表 5.19 プロコンリスト

● D：予約情報優先型

日時などの予約情報を最優先にしたレイアウトパターンです。

Pros	Cons
・ファーストビューで利用できる時間が表示される	・地図もしくは車両情報を表示するのにスクロールが発生する

図 5.31 予約詳細（D） 　　表 5.20 プロコンリスト

予約詳細では、「D：予約情報優先型」を選択します。

いくつか順番を変えて検討してみましたが、アプリのユースケースを「借りる前」「乗車中」「乗車中（帰り）」と考えた場合、各要素の必要性は以下の通りです。

・予約（利用可能）時間：借りる前、乗車中、帰り中
・車種：借りる前、乗車中（駐車場など）
・マップ：借りる前、帰り中

どのシチュエーションでも必要なのは利用時間です。そのため、もっとも重要な情報は時間で、次に車種、マップの順と判断します。レンタル時間の情報を一番上に配置し、その下に車種とマップを表示する「D：予約情報優先型」を採用します。

プロトタイプ：地図表示（自動車検索）

予約（自動車検索）機能のプロトタイプを作成します。ここでは、検索の要である地図表示をクローズアップします。このアプリのプライマリ機能は「いまこの周辺のカーシェアリングを表示」、セカンダリ機能は「任意の場所のカーシェアリングの表示」です。

なお、課題は別の時間の予約（特に15分ずらせば予約できる）などをどう吸収するかとなります。また、微妙にずれた検索候補の表示は現状の構成ではできません。

● A：最小構成

マップとして最小構成となります。

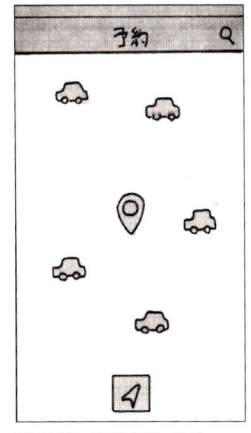

図5.32 地図表示（A）

Pros	Cons
・マップ操作に集中できる ・実装コストが最小	・「今現在」以外に使用できる車は表示されない

表5.21 プロコンリスト

●B：検索フォーム

検索フォームを画面上に配置します。検索フォームを画面のどこに配置するべきかも検討します。フォームを上部に配置する場合と、フォームを下部に配置する場合で比較します。フォームを下部に配置した場合は、キーボードでフォームが連動する、もしくはモーダルビューで画面を切り変える必要があります。

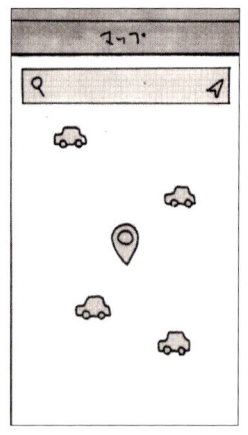

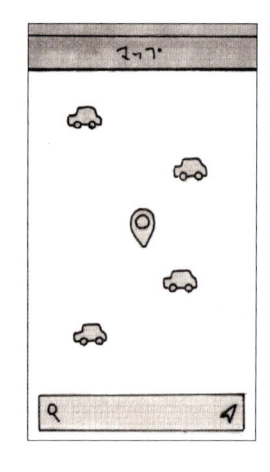

図 5.33 地図表示（B）

Pros	Cons
・別画面に切り替えず、 　地図画面のまま検索できる	・地図の表示範囲が狭くなる

表 5.22 プロコンリスト

●C：検索フォームと日付

検索フォームをナビゲーションバーに配置し、さらに日付選択ピッカーを配置したタイプです。仮にユーティリティ型でナビゲーションバーに検索フォームを配置すると、予約リストに戻れなくなり遷移矛盾が発生します。ナビゲーションバーに検索アイコンを配置して開くタイプでは、遷移が成り立ちます。検索フォームをタップすると、これまでに検索した履歴が一覧表示されます。

また、マップ上に表示される車をタップした場合、画面下部に車情報を表示します。上下に情報を表示するため、面積がかなり制限されてしまうのが欠点です。

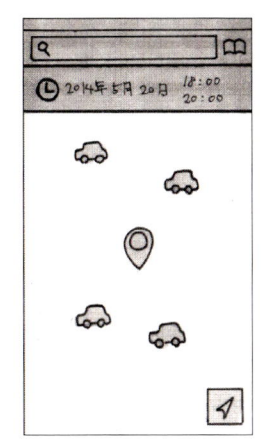

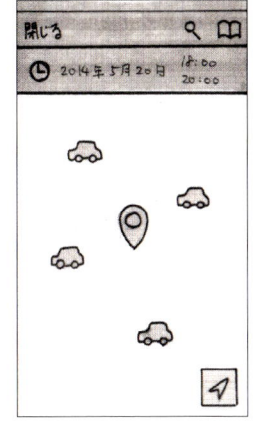

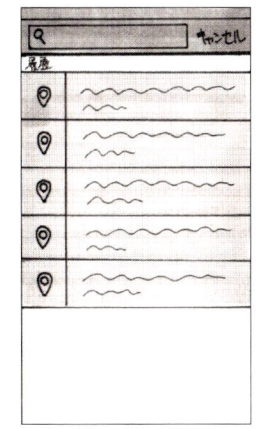

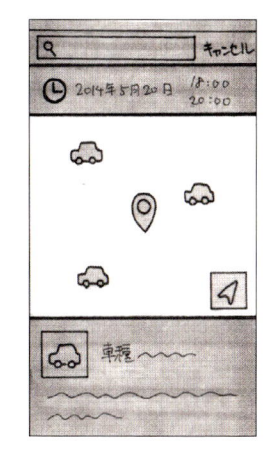

図 5.34 地図表示（C）

Pros	Cons
・日時を条件に絞り込める	・地図の表示範囲が狭くなる （B 以上に狭くなる場合もある）

表 5.23 プロコンリスト

● D：画面下部集約

　A〜Cの操作性をプロトタイプで検討して、画面下部へ操作 UI や情報をまとめるタイプです。フッターに検索と日付ピッカー、現在位置を集約しています。マップ上の車をタップすると車の情報を画面下部に表示します。検索フォームをタップすると、モーダルで画面上部へ移動し、検索履歴とキーボードが画面下部からスライドインします。日付をタップすると日付ピッカーで予約したい日時を選択します。

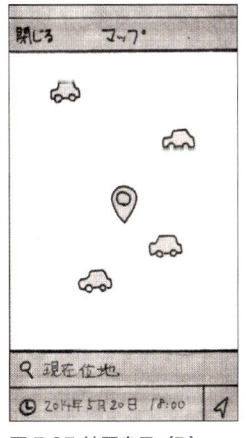

図 5.35 地図表示（D）

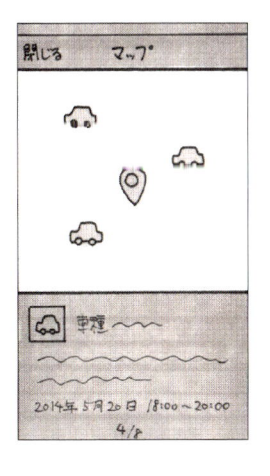

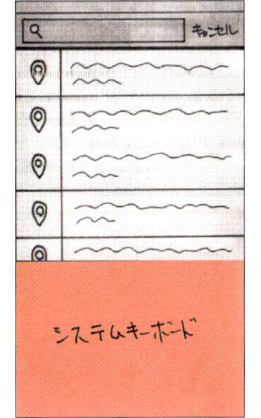

Pros	Cons
・画面下部に集中しているため操作が明解 ・長いiPhoneでも片手で使いやすい	・タブ型では下部が干渉するので 将来タブにするのは難しい

表 5.24 プロコンリスト

　最終的に、予約詳細は「D：画面下部集約型」を選択します。A、B、Cと比較して操作性が高いと判断できるからです。

プロトタイプ：自動車詳細

　比較しませんが、自動車詳細画面を作成します。自動車詳細画面は予約リストの詳細画面と同じ内容です。[キャンセル]が[予約]ボタンに変更されるのみとなります。

図 5.36 自動車詳細画面

　なお、この他にも使い勝手を向上させるため、「よく使う場所」などには、「履歴」や「お気に入り」から直接アクセスできる導線を用意することを将来的に検討すべきでしょう。

5-3 家具カタログアプリ

　本項では、品質の高い家具を提供する家具専門ブランド店内に専用タブレットを用意して、来店者が閲覧することを目的としたカタログアプリを想定して、ペーパープロトタイピングを実施します。なお、来店者のみではなく、店員が商品紹介にも利用することも見込みます。

5-3-1　分析・仮説

　想定している家具ブランドの特徴は、製品は100%国内で専門職人が製造し、素材やデザインにこだわった手造りの受注生産を基本としていることです。全国で10店舗程度を展開しており、商品数は100点程度と想定しています。

ユースケースと利用シーン

　ユースケースやターゲットユーザー、利用シーンなどは以下の通りです。

●ユーザーの利用状況
- who：来店顧客、案内する店員
- what：来店顧客がイメージ通りの家具やインテリアを探す
- when、where：営業時間内、店頭、店舗内で
- how：タブレットの電子カタログでインテリアを探す
- why：自分の部屋のイメージにピッタリで気に入る商品を探す

●ターゲットユーザー
- 来店顧客
- 案内する店員

●ユースケース
- 気になる家具やインテリアを店内で見つけた時に、どんな素材であるのか、自分の部屋の雰

囲気に合うかをチェックする、もしくは店員が案内する
・店舗に設置してあるタブレットで自分の部屋に合うインテリアを探す
・顧客にタブレットを見せながら、顧客の要望に合致した商品を紹介する
・自分の欲しいインテリアで店舗にない商品を探して問い合わせる、また店員が案内する

●利用シーン

場所 環境	・店頭、店舗内 ・店舗内なので、ネット環境は安定
時間帯 利用時間 利用頻度	・営業時間内（10:00 〜 21:00） ・5 〜 10 分程度 ・1 日数回〜十数回
集中して使えるか 邪魔が入るのか	・集中できる ・邪魔はほぼ入らない（店員のサポートがある）

表 5.25 利用シーン

●ワークフロー

タスク	・カテゴリ一覧もしくは検索機能で欲しい家具を探す（顧客） ・その家具が自分の部屋のイメージに合っているか確かめる（顧客） ・その家具について店員に問い合わせる（顧客） ・顧客にヒアリングし、要望に合致した家具を見つけて説明する（店員）
必要なデータ	・ソファー、テーブルといったカテゴリ ・色、素材など探したい家具の情報
その他	・全国で 10 店舗程度展開、商品は 100 種類程度 ・こだわりの家具を販売

表 5.26 ワークフロー

要件定義と機能精査

実装機能の候補を選出し、実装する機能とドロップする機能を振り分けます。

家具カタログアプリの機能	
・製品コンセプト	・製造過程の動画
・商品カタログ	・メンテナンス方法
・商品検索	・購入、支払い
・店舗情報	・お問い合わせ

表 5.27 機能候補

具体的な商品の情報や店舗にない商品の紹介といった「実際に購入の手がかりとなる情報」がベースとなります。そのため、製品のコンセプト、製造過程の動画、メンテナンス方法などブラ

ンドコンセプトや購入後のちょっとした便利情報などはドロップします。また、店頭に配置したり店員が案内に使うことが前提なので、店舗側でやるべき「購入、支払い」や「お問い合わせ」も不要です。

家具カタログアプリの機能	
・製品コンセプト	・製造過程の動画
・商品カタログ	・メンテナンス方法
・商品検索	・購入、支払い
・店舗情報	・お問い合わせ

表 5.28 精査後

結果、コアとなるのは以下の 3 機能です。

- 商品カタログ
- 商品検索
- 店舗情報

ステートメントシート

ここまでの内容をまとめ、ステートメントシートを作成します。家具カタログアプリのステートメントシートの内容は以下になります。

●ステートメント

店内に設置されたタブレットをユーザーが閲覧する、もしくは店員が商品を紹介するために使うイメージカタログ

●ターゲット

来店顧客、案内する店員

●ユースケース

- 気になる家具やインテリアを店内で見つけた時に、どんな素材であるのか、それが自分の部屋の雰囲気に合うかをチェックする、もしくは店員が案内する
- 店舗に設置してあるタブレットで自分の部屋に合うインテリアを探す
- 顧客にタブレットを見せながら、顧客の要望に合致した商品を紹介する
- 自分の欲しいインテリアで店舗にない商品を探して問い合わせる、また店員が案内する

Chapter 05

●コア機能
　・商品カタログ
　・検索
　・店舗情報

●諦めること
　・ブランドコンセプトや購入後のちょっとした便利情報など購入に直接関係のない情報
　・購入、お問い合わせなど店舗で行うこと

5-3-2　ペーパープロトタイピング

プロトタイピングを開始する前に、前項「分析・仮説」の結果に基づいて要素を整理します。家具カタログアプリのコア機能から導き出される要素から考えると、以下の通りです。

	第1階層	第2階層	第3階層
商品カタログ機能	・カテゴリ一覧	・商品一覧	・商品詳細
商品検索機能	・商品検索	・検索結果一覧	
店舗情報機能	・店舗一覧	・店舗詳細	

表 5.29 構造化

アプリのタイプ

　構造化したデータをもとにアプリのタイプを検討します。家具カタログアプリでは、一覧性を重視したナビゲーション型、コンテンツの平行移動を重視したタブ型、そして見た目のシンプルさとブランドの世界観の作り込みを重視した没入型それぞれで、プロトタイプを作成して比較・検討します。

●A：ナビゲーション型
　左サイドのナビゲーションで、カタログ機能（Collection）と店舗情報機能（Shop）を選択し、その内容を右サイドに表示します。検索機能は機能として独立させず、ナビゲーション型同様、上部ナビゲーションバーの右サイドに検索のUIを配置します。
　各機能の一覧性を重視したタイプの表示です。右上図のペーパープロトタイプはカタログ機能を表示している状態です（図5.37）。

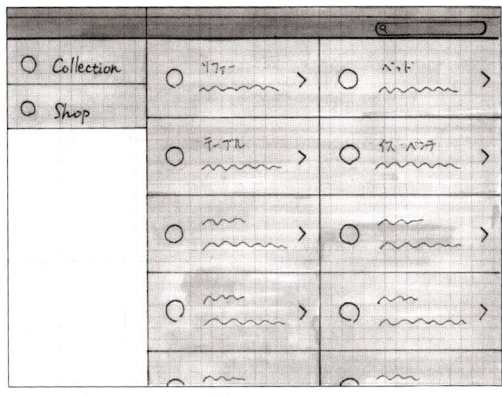

図 5.37 ナビゲーション型

Pros	Cons
・構造化できる ・拡張が容易	・複数のコンテンツの並列移動ができない ・階層が深くなる

表 5.30 ナビゲーション型プロコンリスト

● B：タブ型

　画面下部に配置するタブで、カタログ機能（Collection）と店舗情報機能（Shop）を切り替えます。検索機能はナビゲーション型同様、ナビゲーションバーに検索 UI を配置します。下図のペーパープロトタイプはカタログ機能を表示している状態です（図 5.38）。

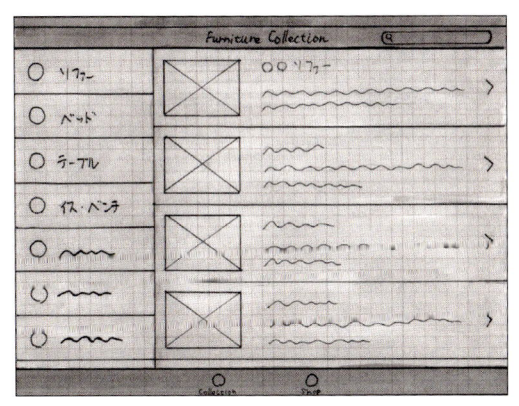

図 5.38 タブ型

Pros	Cons
・複数のコンテンツを並列移動できる ・ナビゲーション型を内包できる	・拡張範囲が限られる

表 5.31 タブ型プロコンリスト

● C：没入型

独自 UI でメインのカタログ機能と検索機能を中心に配置して選択可能にします。店舗情報はサブコンテンツとして右上部に配置するアイコンから遷移します。トップ画面で項目を選択してドリルダウン的にコンテンツを表示するため、基本構成はナビゲーション型と類似します。ただし、遷移ボタン以外画面上に何のコンテンツも配置しないところが、ナビゲーション型と違います。

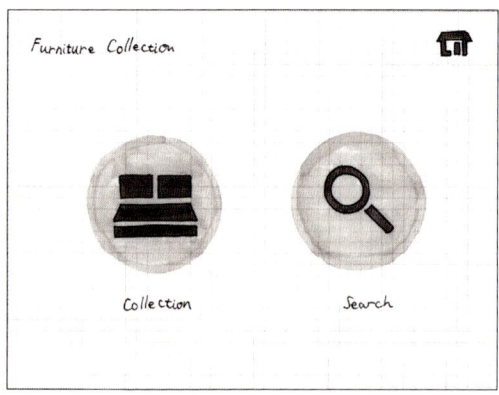

図 5.39 没入型

Pros	Cons
・見た目がシンプル ・独自の世界観が作りやすい	・工数と予算が掛かる ・リストと同じ構成なので、コンテンツ間の平行移動ができず階層も深くなる

表 5.32 没入型プロコンリスト

家具カタログアプリのタイプは「C：没入型」を選択します。

ユースケースは店頭設置のアプリなので、初見でも操作方法が分かることを前提に、機能が少なく購入者目線のシンプルな構成が望ましいからです。また、デザインをブランドイメージと合わせるため、iOS に準拠した印象を与えないように、あえて標準 UI から外す意図もあります。A 案や B 案と比較すると、実装に掛かるコストは上がりますが、アプリの目的を考えると C 案が最も適しています。

画面フロー

選択したタイプから、アプリの全体構成と画面フローを検討します。家具カタログアプリでは、右上図に示す全体構成と画面の流れとなります（図 5.40）。

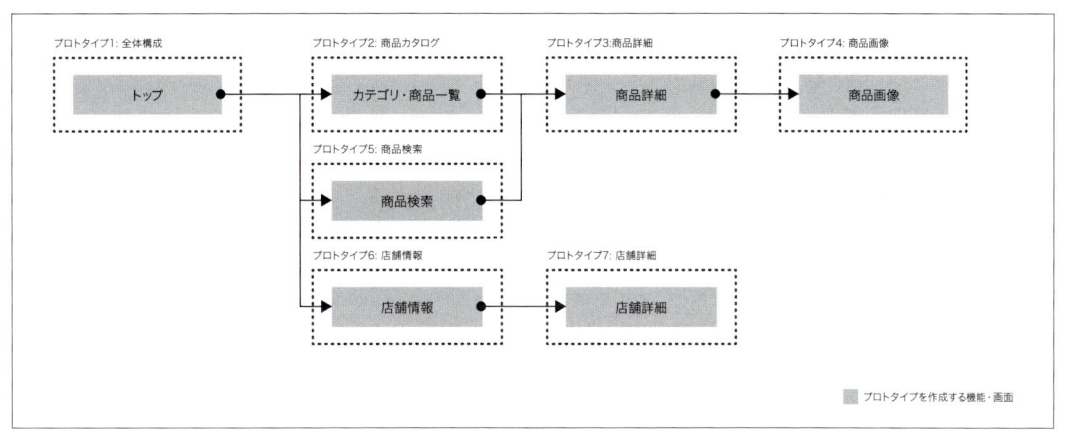

図 5.40 家具カタログアプリの画面フロー

プロトタイプ：商品カタログ

メイン機能である商品カタログ機能の画面構成検討を目的としたプロトタイプを作成します。表示する要素はカテゴリの一覧と各カテゴリの商品です。

● A：カテゴリ・商品一覧一体型

カテゴリの一覧を左サイドに、そこで選択されたカテゴリの商品一覧を右サイドに表示します。

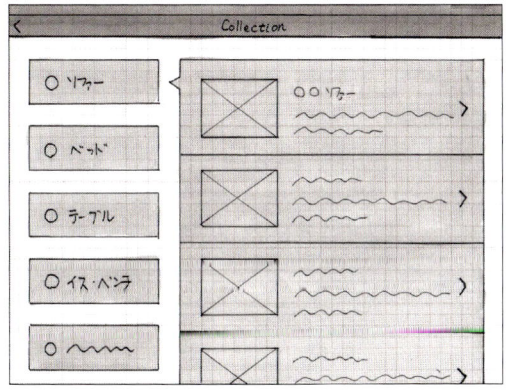

図 5.41 商品一覧一体型

Pros	Cons
・カテゴリを並列移動できる	・一覧で表示できるカテゴリ・商品数が、B案と比較すると少ない

表 5.33 プロコンリスト

●B：カテゴリ一覧と商品一覧が別画面

カテゴリを画面全体でリスト表示します。その中のカテゴリを選択すると、そのカテゴリの商品一覧を画面全体でリスト表示した、商品一覧画面へ遷移します。

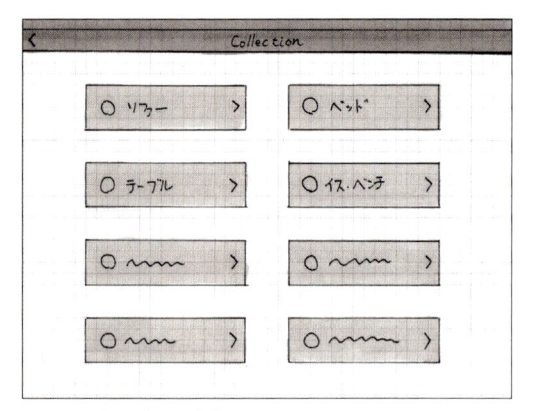

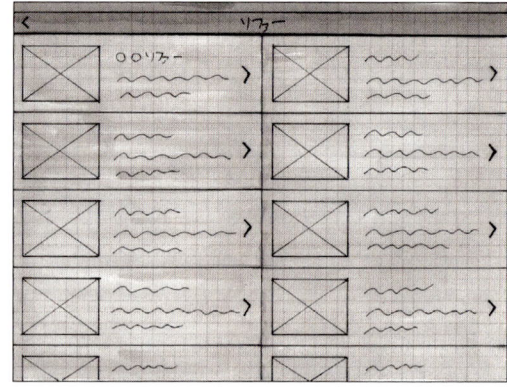

図 5.42 カテゴリ一覧画面

図 5.43 商品一覧画面

Pros	Cons
・カテゴリ、商品一覧共に一覧性が上がる	・階層が深くなる ・カテゴリを並列移動できない

表 5.34 プロコンリスト

カタログの画面構成は A の商品一覧一体型を選択します。

カテゴリ、商品一覧それぞれの情報を別画面として切り分けず、両方を一覧できる方がより効率的に商品を見ることができます。また、店員が店頭に来たお客様へ案内する際にも、すぐに商品まで表示できるため案内しやすいからです。

プロトタイプ 3: 商品詳細

続いて、商品詳細の見せ方について検討するためのプロトタイプを作成します。ここで表示する要素は商品名や商品の価格、素材、サイズと商品の写真などになります。

●A：画像／説明 1 画面型（拡大画像なし）

一定サイズの商品画像を商品説明と共に縦に並べます。スクロールさせることで、次々と商品画像を表示します。

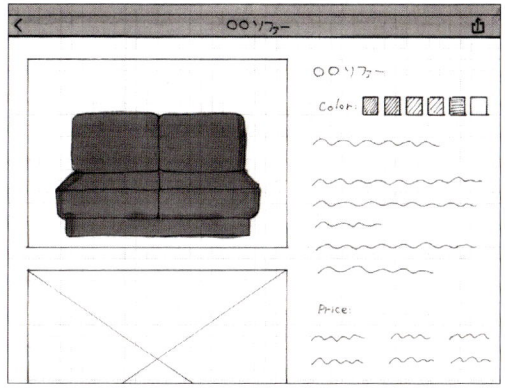

図 5.44 商品詳細（A）

Pros	Cons
・画像拡大画面への遷移が不要	・長いスクロースが発生する ・大きいサイズの画像が見られない

表 5.35 プロコンリスト

● B：別画面型

　1画面内で商品画像と説明など必要な情報をまとめ、メインビジュアル以外の画像はサムネイルで表示します。画像をタップすると、全画面に拡大した画面へ遷移します。

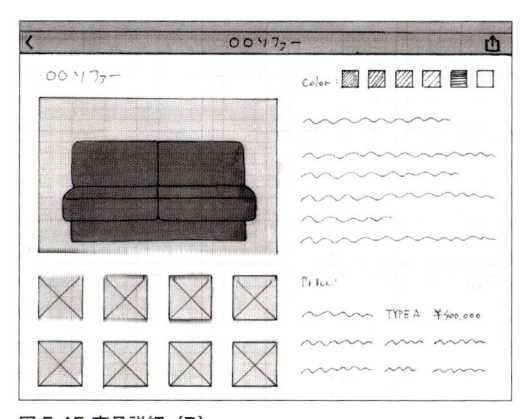

図 5.45 商品詳細（B）　　　　　　図 5.46 商品画面（拡大）

Pros	Cons
・スクロールが発生しにくい ・商品が全画面で大きく表示される	・階層が深くなる

表 5.36 プロコンリスト

商品詳細は、「B：別画面型」を選択します。

このブランドでは「質の高い家具」を売りにしています。そのため、商品イメージを画像を一覧で表示するのではなく、大きく綺麗に提示することが重要だからです。

プロトタイプ：商品画像

カタログアプリのメインコンテンツと言える、商品詳細画面の商品イメージの見せ方のプロトタイプを作成します。ここでは商品画像と複数画像を切り替える UI が必要になります。

● A：サムネイルからの単純画像表示

デフォルトの写真アプリなどと同様、拡大された画像を横フリックで両横の画面を切り替えていきます。

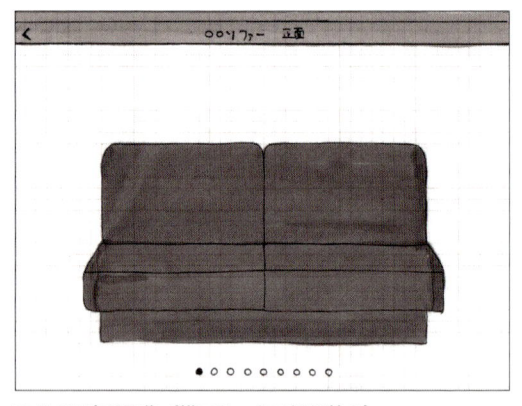

図 5.47 商品画像（A）　　　　　　　　図 5.48 商品画像（横フリックで切り替え）

Pros	Cons
・実装コストが低い	・1 枚の画像を単純に画像を横めくりで見せることしかできない

表 5.37 プロコンリスト

● B：商品、背景を切り替える

背景もしくは色の 2 軸で画像を切り替えてます。上部写真選択で背景を切り替え、下部色選択で色違いの商品を表示します。下部 UI で色を決め、お客様の家やオフィスに雰囲気の近い画像を上部 UI で選択します。来店顧客がより具体的に自分の部屋に欲しい家具を配置したらどのような雰囲気になるか、どの色が自分の部屋に合うのかといったイメージがしやすくなります。

図 5.49 商品画像（B）

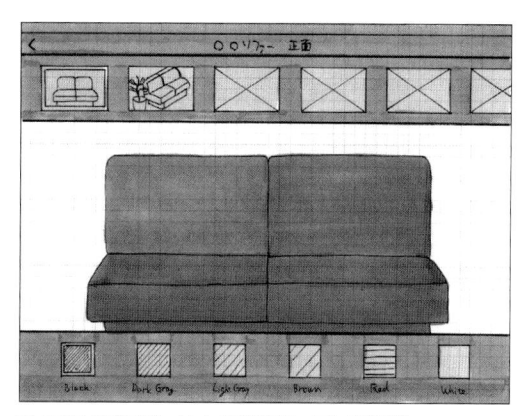

図 5.50 商品画像（上に背景選択：下に色選択）

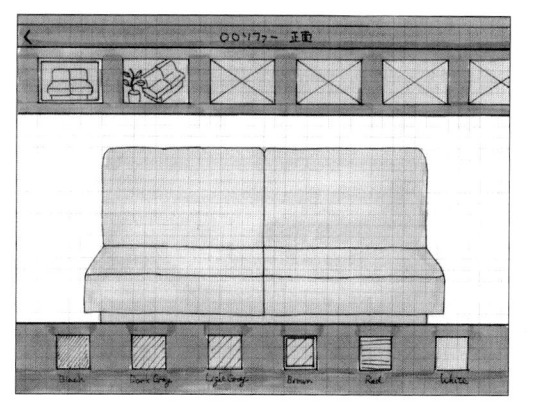

図 5.51 商品画像（色選択）

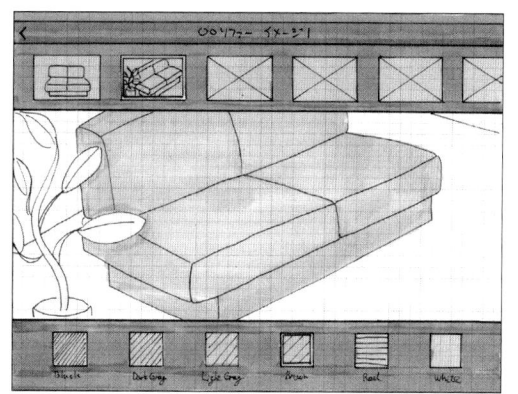

図 5.52 商品画像（背景選択）

Pros	Cons
・背景と家具を組み合わせてさまざまなパターンを見せることができる	・アプリ開発に加え、画像の撮影や加工にも時間や予算が掛かる

表 5.38 プロコンリスト

　商品画像は、「B：商品、背景を切り替える」タイプを選択します。
　より具体的に家具を自分の部屋やオフィスに配置するイメージが湧くため、「A：サムネイルからの単純画像表示」よりも、目的に適した商品提案と言えるからです。多少コストや時間が掛かっても、ユーザーが見たい色や材質の家具を、置こうとしている部屋の雰囲気に近い背景画像と組み合わせて表示することで、より強く商品イメージを印象付けることを重視します。

Chapter 05

プロタイプ：商品検索

商品検索画面のプロトタイプを作成します。検索キーワードを入力する検索バーなど、検索条件を設定するUIが必要になります。

● A：テキスト検索

単純なテキストのみで検索します。上部ナビゲーションバーの右サイド検索UIにテキストを入力し、そのテキストに合致する商品候補を一覧表示します。

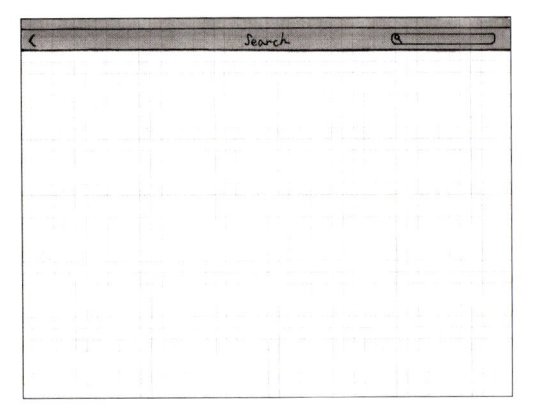

図 5.53 商品検索（A）

図 5.54 検索キーワードの入力

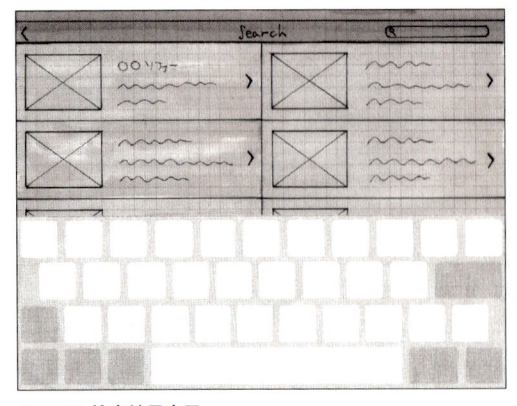

図 5.55 検索結果表示

Pros	Cons
・シンプルで分かりやすい ・簡単に検索できる	・より細かい絞り込みができない

表 5.39 プロコンリスト

● B：条件選択

　キーワードのみでなく、カテゴリや価格など細かい情報から商品を絞り込みます。検索ボタンをタップすると検索内容に合致した商品一覧画面を表示します。

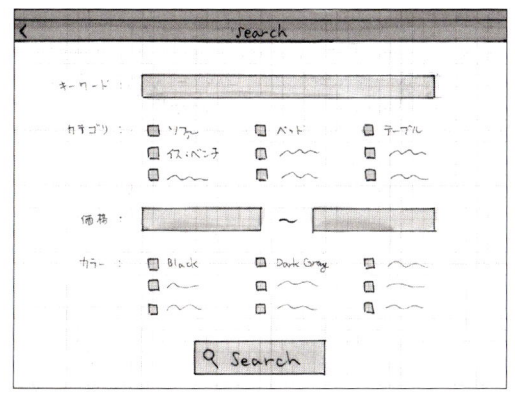

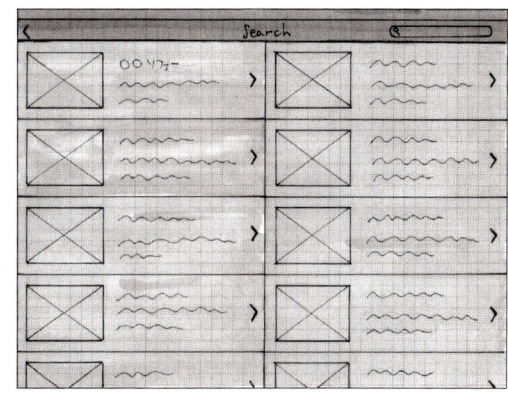

図 5.56 商品検索（B）　　　図 5.57 検索結果表示

Pros	Cons
・細かい条件設定ができる ・より具体的に好みの商品を検索できる	・複雑になる ・コストは [5-A] と比較すると上がる

表 5.40 プロコンリスト

　商品検索方法は、「A：テキスト検索」を選択します。
　前提条件にある通り、商品点数は 100 点程度と多くはありません。詳細に絞り込む検索では、ヒットする件数が少ない、もしくは 1 点もヒットしないケースも懸念されます。また、検索するユーザーの操作が煩雑になります。「B：条件検索」を実装しても煩雑になるだけで、コストを掛けるほどの効果が得られないと判断します。

プロトタイプ：店舗情報

　店舗情報機能のプロトタイプを作成します。店舗情報の一覧表示と、キーワードや店舗情報から検索する 2 つの方法を比較します。

● A：店舗一覧

　全ての店舗を画面に一覧表示します。

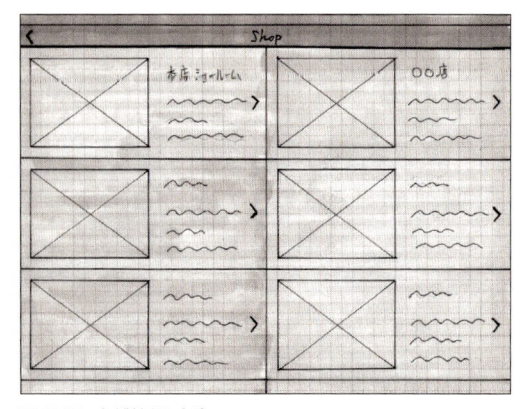

図 5.58 店舗情報（A）

Pros	Cons
・検索条件（キーワード入力）などのステップ不要で店舗一覧を見ることができる	・絞り込みができず全ての店舗が表示される

表 5.41 プロコンリスト

● B：キーワード検索

　商品検索同様、場所や店舗名などのキーワードを入力します。キーワードに合致する店舗を一覧表示します。

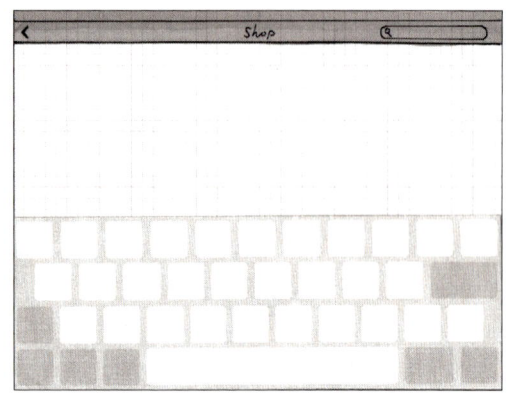

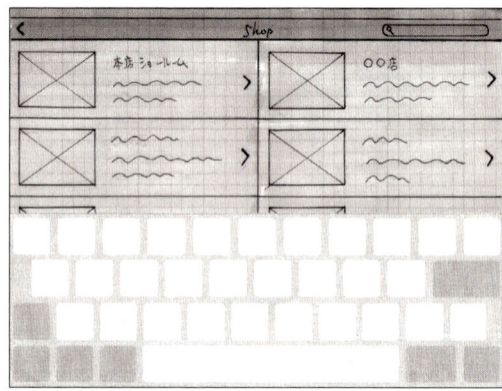

図 5.59 店舗検索　　　　　　　　　図 5.60 店舗情報（B）

Pros	Cons
・ユーザーの必要な店舗のみ表示することができる	・実装コストが掛かる

表 5.42 プロコンリスト

店舗情報画面は、「A：店舗一覧」を選択します。

展開している店舗数は全国で 10 店舗程度と少ないため、一覧画面でスクロールさせて見た方が早いからです。検索する必要性がありません。

プロトタイプ：店舗詳細

最後に、レイアウト案として店舗詳細のペーパープロトタイプを作成します。店舗名や営業時間、住所、地図、電話番号、メールアドレスといった各店舗の詳細情報が必要となります。

A：店舗詳細

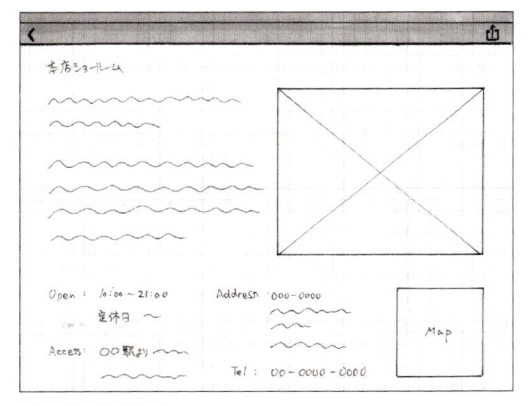

図 5.61 店舗詳細

店舗の詳細情報を表示する画面なので、店舗の写真や営業日（定休日）、住所や地図、アクセス方法など必要な情報を配置します。

5-4 連絡帳アプリ

本項では、学校から保護者にタブレットを配布し、学校関連の連絡を行うアプリケーションを想定して、プロトタイプを作成します。

5-4-1 分析・仮説

子供が持ち帰る連絡帳やプリントで行われている保護者と学校とのコミュニケーションを、アプリを介して行います。連絡帳や配布物の渡し忘れによる連絡漏れの防止、休校など緊急連絡の即時通知など、情報発信の効率化とコミュニケーションロスの削減を目的としています。

ユースケースと利用シーン

連絡帳アプリのユースケースやターゲットユーザー、利用シーンなどは以下の通りです。

●ユーザーの利用状況
- who：小中学生の保護者（発信はクラス担任）
- what：連絡帳やプリント代わりに使いたい
- when、where：空き時間に自宅で（共働きの場合は職場で）
- how：子供を経由せずに、学校と保護者で連絡できる
- why：子供の学校関連情報をオンタイムで一元管理する

●ターゲットユーザー
- 小学生・中学生の子供を持つ保護者（父、母、祖父母）

●ユースケース
- 子供の帰宅前などいつでも好きなタイミングで情報をチェックする
- 子供が連絡帳やプリントを渡さなくとも保護者が学校情報を確認できる（連絡漏れの防止）
- 暴風警報やインフルエンザでの臨時休校連絡

- 行事や緊急連絡先のチェック
- アンケートや出欠など担任（学校）との連絡のやりとり

●利用シーン

場所 環境	・自宅 ・共働きの場合などはオフィス ・基本的に自宅固定のため、通信環境は比較的良好を想定	
時間帯 利用時間 利用頻度	・子供の帰宅前後から夜（深夜や早朝は少ない） ・5-10分程度（通常は連絡を見る程度） ・平日は毎日	
集中して使えるか 邪魔が入るのか	・ほぼ入らない ※そもそもあまり集中して使うようなものではない	

表 5.43 利用シーン

●ワークフロー

タスク	・連絡事項の確認 ・先生とのコミュニケーション ・緊急連絡 ・行事カレンダー ・アンケート
必要なデータ	・ID・パスワード ※先生との連絡やアンケート、学年別連絡などのために個人認証が必要
その他	・お知らせ自体の件数はそこまで多くなく、1日に多くて2-3件（お知らせがない日もある） ・先生（学校側）はCMSを使ってデータを更新。 ・生徒全体への連絡、特定学年への連絡、クラスへの連絡、個人への連絡など連絡内容の粒度によって管理者（管理権限）を変える必要がある。

表 5.44 ワークフロー

要件定義と機能精査

次に、連絡帳アプリで実装する機能候補を検討します。

連絡帳アプリの機能	
・お知らせ	・アンケート
・行事カレンダー	・緊急連絡
・先生からの連絡	・フォトアルバム
・連絡先	・支払い

表 5.45 機能候補

5-4 連絡帳アプリ

お知らせや緊急連絡など、学校からの重要な情報を発信する機能は必須です。また、行事が記載されたカレンダーや、学校の職員室、児童相談所、救急病院など学校生活で必要となる連絡先の一覧表も必要な情報と言えます。

また、クラス担任と保護者との相互コミュニケーション手段や学校からのアンケートを保護者が回答できる機能も用意すると、より効率的にコミュニケーションや意思を確認できるでしょう。

ただし、遠足や運動会など、行事の写真や動画を配信する機能は、子どもを抜きに行うべき事務的なコミュニケーションではないため、このアプリでは実装しません。行事の参加費や給食費の支払いなど金銭のやりとりも、振込機能の実装やセキュリティの確保を考慮すると現実的とは言えません。

連絡帳アプリの機能	
・お知らせ	・アンケート
・行事カレンダー	・緊急連絡
・先生からの連絡	・フォトアルバム
・連絡先	・支払い

表 5.46 精査後

結果、中心となるのは以下の 5 機能となります。

・お知らせ（緊急連絡）
・行事カレンダー
・先生からの連絡
・連絡先
・アンケート

ステートメントシート

ここまでの内容をまとめ、連絡帳アプリのステートメントシートを作成します。

● **ステートメント**
クラス担任（学校）から保護者にタブレットを配布し、学校関連の連絡をアプリで行う。

● **ターゲット**
小学生・中学生の子供を持つ保護者（父、母、祖父母）。※発信はクラス担任

●ユースケース
- 子供の帰宅前などいつでも好きなタイミングで情報をチェックする
- 子供が連絡帳やプリントを渡さなくとも保護者が学校情報を確認できる（連絡漏れの防止）
- 暴風警報やインフルエンザでの臨時休校連絡
- 行事や緊急連絡先の管理
- アンケートや出欠など担任（学校）との連絡のやりとり

●コア機能
- お知らせ（緊急連絡）
- 行事カレンダー
- 先生からの連絡
- 連絡先
- アンケート

●諦めること
- 行事の写真などの掲載（あくまで保護者と学校との事務的な連絡専用という位置付け）
- 行事活動費、給食費の振り込みなどお金のやりとり

5-4-2　ペーパープロトタイピング

連絡帳アプリの要素の整理をしていきましょう。コア機能を整理し、要素を構造化すると以下のようになります。

	第1階層	第2階層	第3階層
お知らせ機能	・お知らせ一覧	・お知らせ詳細	
カレンダー機能	・カレンダー一覧	・カレンダー詳細	
先生からの連絡機能	・連絡一覧	・連絡内容詳細	
先生からの連絡機能	・連絡先一覧	・連絡先詳細	
アンケート機能	・アンケート一覧	・アンケート詳細	
設定機能	・設定一覧	・ログイン	・ID/パスワード入力
		・設定詳細	・設定変更

表5.47 構造化

Chapter 05

アプリのタイプ

構造化したデータをベースに、連絡帳アプリのタイプを検討します。ナビゲーション型、タブ型、変形ナビゲーション型のペーパープロトタイプを作成して比較します。

● A：ナビゲーション型

左サイドのナビゲーションで、お知らせやカレンダーなどの機能を選択し、その内容を右側のスペースに表示します。下図のペーパープロトタイプはお知らせを選択している状態です。各機能に表示される情報が多く一覧性も高いタイプです。ただし、1日に発生するお知らせ数や他の情報の更新頻度を考えると、機能単位での一覧性の重要度は低いと判断できます。

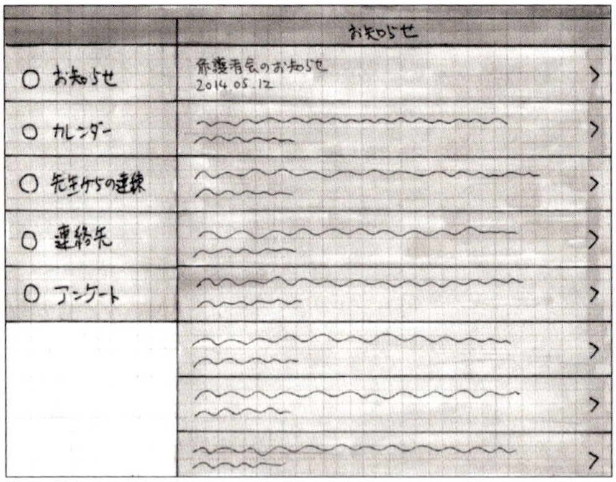

図 5.62 ナビゲーション型（A）

Pros	Cons
・構造化できる ・拡張が容易 ・機能単位での一覧性が高い	・複数のコンテンツの並列移動ができない ・階層が深くなる

表 5.48 プロコンリスト

● B：タブ型

画面下部に配置されているタブで、各機能を切り替えます。次図のペーパープロトタイプはお知らせ機能を表示している状態です。タブで各機能を切り替えるため、左サイドにお知らせ一覧、右サイドに選択しているお知らせの詳細内容を表示する、ナビゲーション型を内包する画面構成になります。

なお、ナビゲーション型やタブ型では、機能ごとの情報しか表示されない欠点があります。例えば、タブ型の場合は、お知らせのタブを開いたらお知らせの一覧しか表示されません。

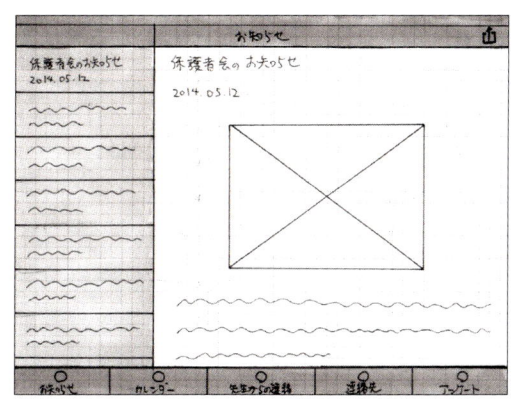

図 5.63 タブ型（B）

Pros	Cons
・複数のコンテンツを並列移動できる ・ナビゲーション型を内包できる	・拡張が限られる

表 5.49 プロコンリスト

● C：変形ナビゲーション型

　独自 UI で左側にナビゲーション、右側に全機能の最新情報がまとめて表示されるリストを配置します。一般的なポータルサイトのトップページに類似する画面構成です。

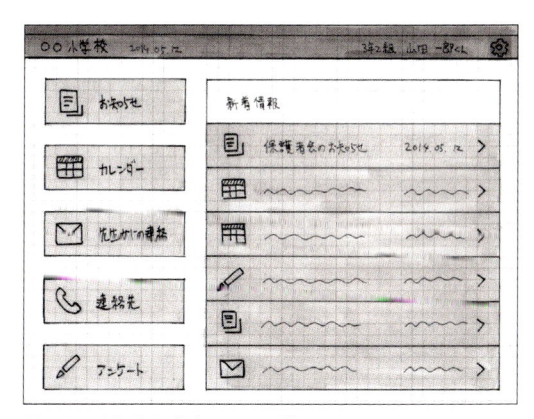

図 5.64（変形ナビゲーション型）

Pros	Cons
・全ての機能の新着一覧を表示できる ・ナビゲーション型を内包できる	・工数と予算が掛かる ・拡張が限られる ・階層が深くなる

表 5.50 プロコンリスト

5-4 連絡帳アプリ

連絡帳アプリでは、「C：変形ナビゲーション型」を選択します。

ユースケースから各機能は毎日頻繁に更新されるものではないと想定されます。したがって、お知らせ、カレンダー、先生からの連絡など機能を切り分けず、最新情報を包括的に一覧できる機能があると効率的に確認でき、利便性が高いと考えられるからです。

画面フロー

変形ナビゲーションの画面構成から、全体構成と画面フローを検討すると、下図となります。

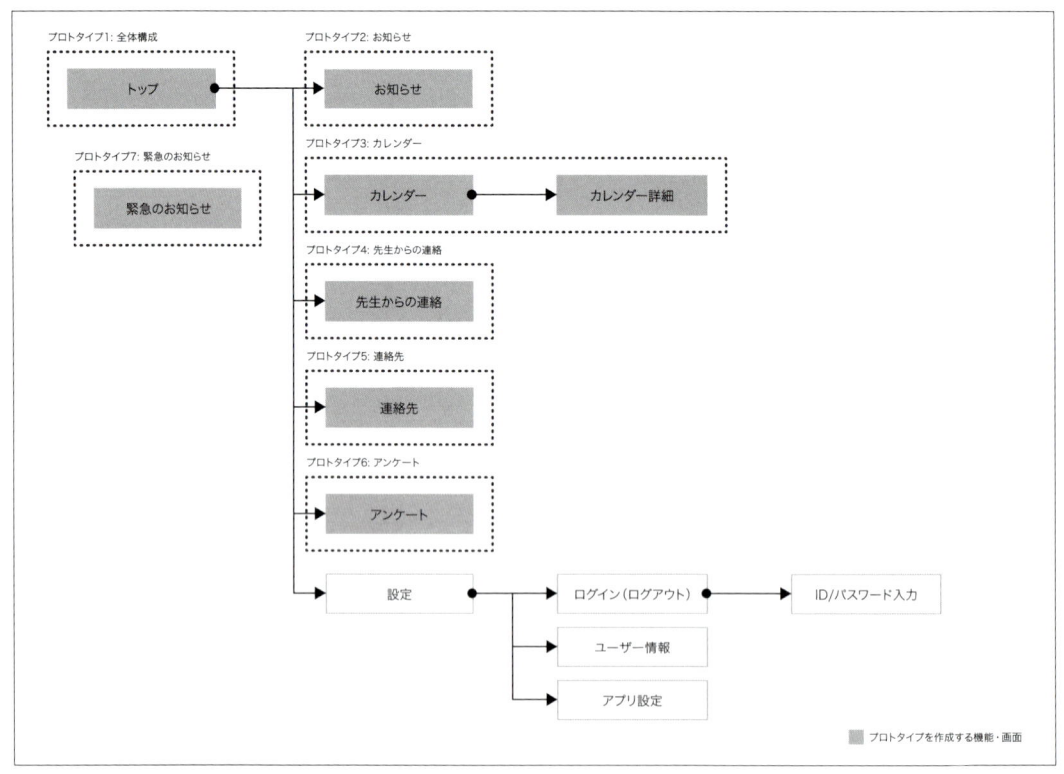

図 5.65 連絡帳アプリの画面フロー

プロトタイプ：お知らせ

メイン機能であるお知らせ機能に対して、画面構成の検討を目的としたプロトタイプを作成します。お知らせ一覧にはお知らせのタイトルと日付がリスト表示されます。お知らせ詳細には、タイトルと日付、お知らせの本文、関連する写真などが表示されることを想定します。

● A：一覧・詳細分割型

画面左側にお知らせの一覧を表示し、右側に選択されたお知らせの詳細を表示します。

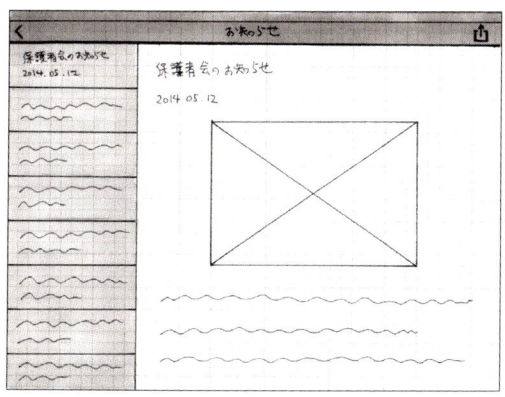

図 5.66 お知らせ画面（A）

Pros	Cons
・他のお知らせへの並列移動が容易	・他のお知らせを確認するのにナビゲーションでの切り替えが必要

表 5.51 プロコンリスト

● B：アコーディオン開閉型

お知らせのタイトルのみをリスト表示します。タイトル部分をタップすると、詳細部分が下に開く形で展開されます。

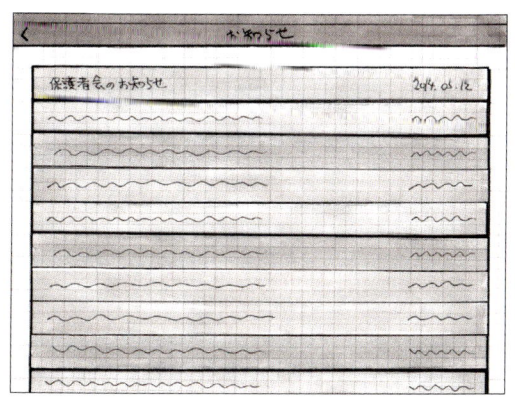

図 5.67 お知らせ画面（B）

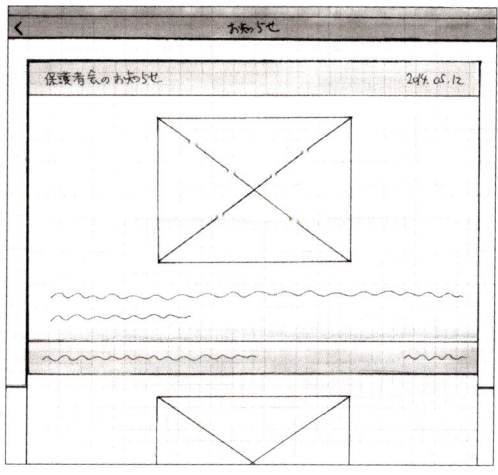

図 5.68 お知らせ詳細

Chapter 05

Pros	Cons
・複数のお知らせを同一画面上で切り替え不要で一覧できる	・長い縦スクロールが発生する ・標準 UI から逸脱し、また実装に工数がかかる

表 5.52 プロコンリスト

　お知らせは、「A：一覧・詳細分割型」を選択します。
　1日に送られるお知らせは多くても2～3件程度、お知らせがない日もあるので、一覧画面で複数のお知らせを閲覧する重要度は低いと判断できます。また、標準 UI に準拠し、他の機能と UI の一貫性を持たせる意味でも、「A：一覧・詳細分割型」が適していると考えられます。

プロトタイプ：カレンダー

　カレンダー機能を検討するプロトタイプを作成します。カレンダー一覧に表示する要素は行事名と日付、行事の詳細画面では、行事名と日付に加えて本文や写真などが想定されます。

● A：月表示型

　一般的なカレンダーの月表示と同様、グリッドの表形式で1月の行事を表示します。グリッド内のセルをタップすると、タップした日の詳細情報を表示します。

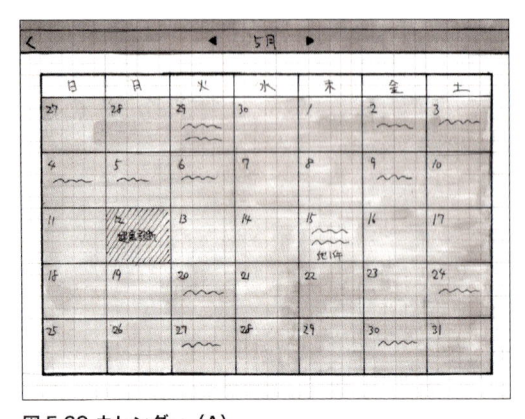

図 5.69 カレンダー（A）　　　　　　　　図 5.70 詳細情報

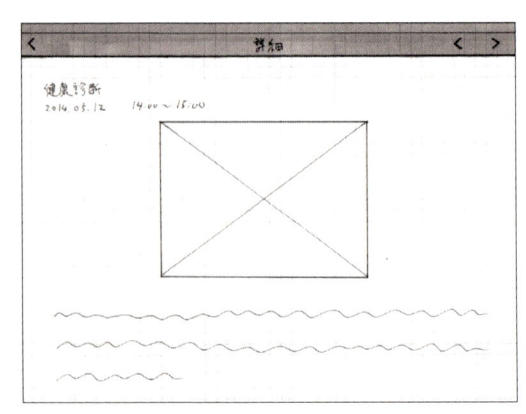

Pros	Cons
・ひと月分のイベントを一覧で見ることができる	・2件以上イベントがある場合は表示できず省略となる

表 5.53 プロコンリスト

● B：一覧表示型

　画面左側に行事一覧を縦のリスト形式で表示します。選択された行事の詳細情報を画面右側に表示します。

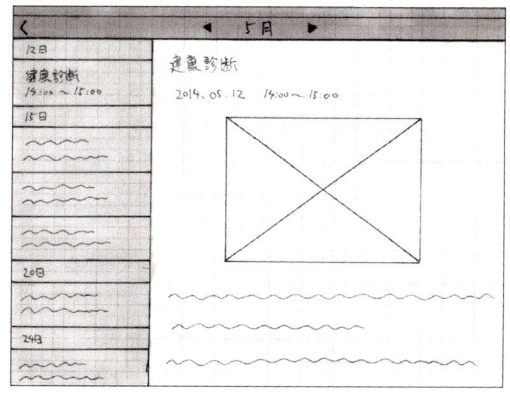

図 5.71 カレンダー（B）

Pros	Cons
・イベントの詳細情報を表示できる ・イベント数が多くても全て表示できる	・ひと月分のイベントを一覧できない

表 5.54 プロコンリスト

　カレンダーは「A：月表示型」「B：一覧表示型」の両方を実装します。
　1ヶ月分の一覧性の高い表示と、省略せずに全行事を閲覧できる表示の両方が必要です。どちらかのみを選択するのではなく、月表示から一覧表示へ遷移する仕様にします。

プロトタイプ：担任からの連絡

　クラス担任から特定の生徒の保護者へ個別に連絡する機能を検討します。一方通行ではなく、保護者からクラス担任、もしくはクラス担任から保護者へメッセージに対して返信できる、双方向のコミュニケーションが可能であることを想定します。要素としては、お互いの連絡した日時や連絡相手、連絡内容が必要となります。

● A：メール型

　メールアプリと同様の形式です。画面の左側に連絡のタイトルと送信日時、送信元を表示し、選択された連絡の詳細を右側に表示します。また、受信メッセージへの返信や、新規メッセージの送信も実装します。

Chapter 05

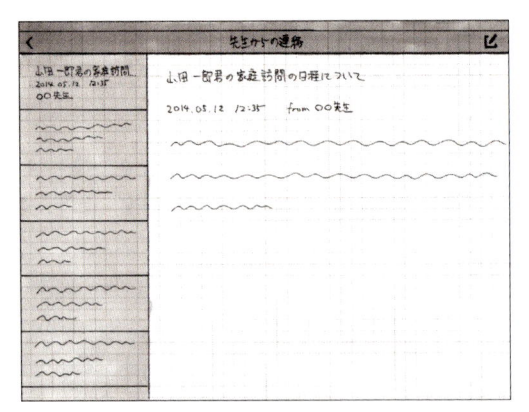

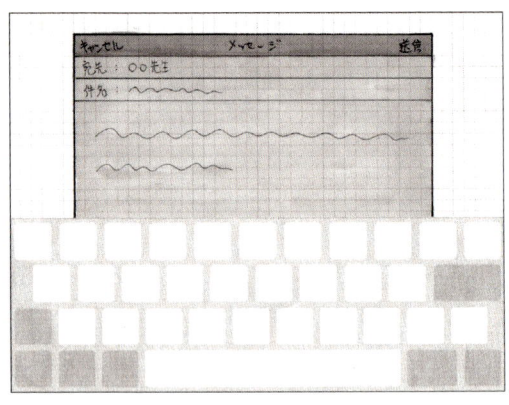

図 5.72 担任からの連絡（A）

図 5.73 メッセージ返信

Pros	Cons
・トピックスごとにまとまる	・リアルタイムでの会話はできない

表 5.55 プロコンリスト

● B：チャット型

　左側にクラス担任、右側に保護者（アプリのユーザー）のアイコンを表示し、吹き出しでそれぞれの送信した内容を表示します。メッセージアプリや一般的なチャットアプリの構成です。

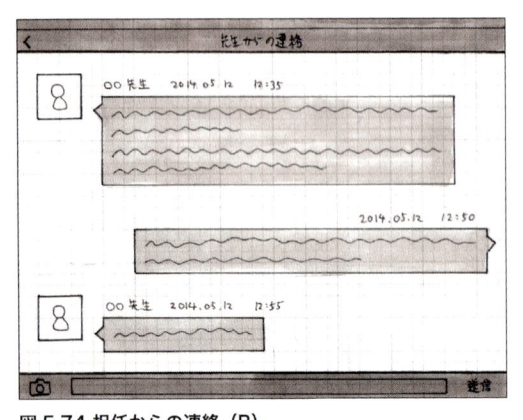

図 5.74 担任からの連絡（B）

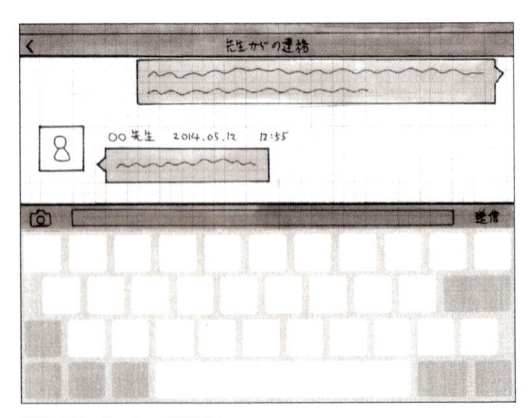

図 5.75 メッセージ返信

Pros	Cons
・両者がオンラインの場合はリアルタイムで会話ができる ・会話形式で全情報が同一画面で一覧可能	・トピックスごとにまとまらない

表 5.56 プロコンリスト

担任からの連絡は、「A：メール型」を選択します。

利用シーンとして、家庭訪問の日程調整や過去の情報などをトピックス単位のまとまった情報として確認するケースが多いためです。また、担任は授業中にチャット感覚で連絡が届いても即答できない場合も多く、リアルタイムでの会話可能な形式にこだわる必要性はありません。

プロトタイプ：連絡先

連絡先のプロトタイプを作成します。学校の職員室や児童相談所、病院など、学校生活で困ったことや緊急事態が発生した際に必要となる連絡先情報を表示するので、連絡する施設名と連絡先詳細が表示要素となります。

● A：電話番号一覧表示型

単純なリスト表示のみで、必要な施設の電話番号の一覧を表示します。iPadなのでタップしても電話発信はできないため、あくまで番号の表示のみとなります。

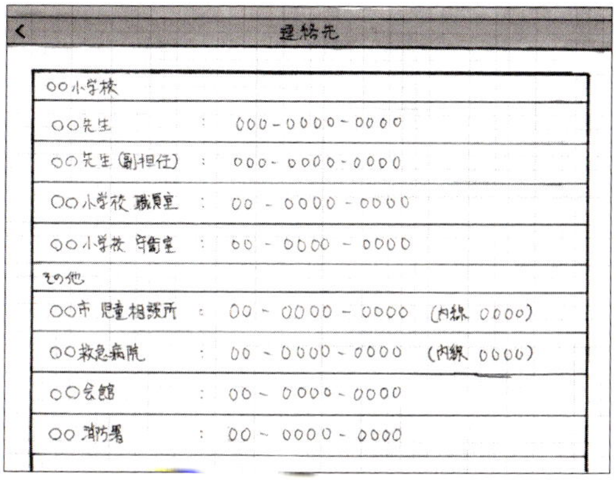

図 5.78 連絡先（A）

Pros	Cons
・シンプルで分かりやすい ・実装コストが低い	・電話番号のみしか分からない

表 5.57 プロコンリスト

● B：住所、電話番号など連絡先詳細情報表示型

電話番号のみでなく、住所や地図など細かい情報を表示します。左側のリストで選択した施設の詳細情報を、右側に表示します。

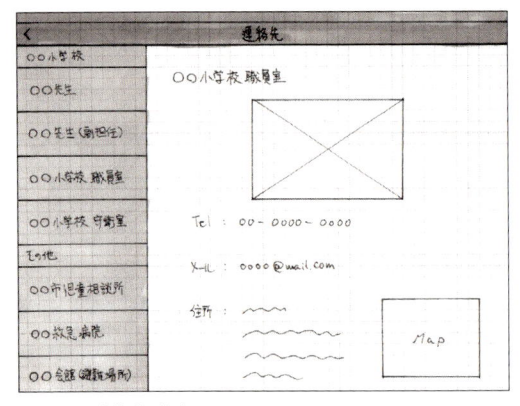

図 5.77 連絡先（B）

Pros	Cons
・住所や地図、メールアドレスなど、施設の詳しい情報が分かる	・Aと比べると遷移が増え、実装コストも増加する

表 5.58 プロコンリスト

　連絡先は、「B：連絡先詳細情報表示型」を選択します。相談事や緊急時などの連絡用を想定しており、すぐに連絡がとれる電話番号に加えて、救急病院や避難場所は所在地を知るために住所や地図も必要となるからです。

プロトタイプ：アンケート

● A：選択型

　お知らせなどと同様のフォーマットで、3つ程度の選択肢から1つを選択できる、簡易返答機能を実装します。

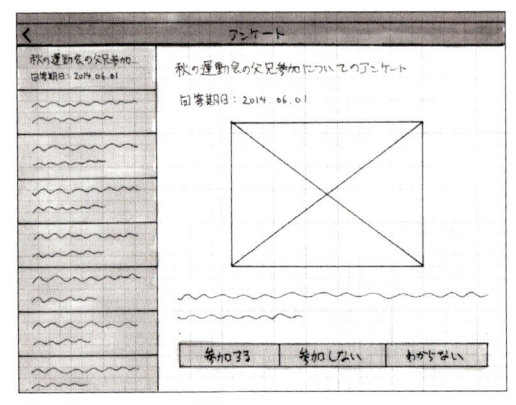

図 5.78 アンケート（A）

Pros	Cons
・学校側（質問側）の集計が簡単 ・選択するだけなので、保護者側（回答側）は簡単に回答できる	・学校側（質問側）は単純な選択式の質問しかできない ・保護者側（回答側）は細かい要望などが入力できない

表 5.59 プロコンリスト

● B：テキスト入力型

テキストでアンケートに対する回答を入力して送信する形式です。

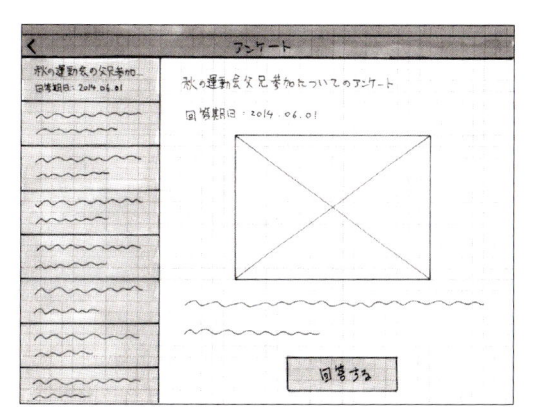

図 5.79 アンケート（B）　　図 5.80 アンケート記入

Pros	Cons
・学校側（質問側）は回答形式に縛られずどのような質問でもできる ・保護者側（回答側）はどのような質問にでも柔軟な回答ができる	・学校側（質問側）はフリーフォーマットなので集計に時間が掛かる ・保護者側（回答側）はテキストの入力に手間が掛かる

表 5.60 プロコンリスト

　アンケートは、同じ質問に対する回答を複数の保護者から求める形式で、コミュニケーションをはかる機能です。出欠確認などの正式な返答を求める機能ではなく、あくまで全体的な意見の比率を知る目的での利用を想定します。

　「選択型」と「テキスト入力型」のペーパープロトタイプと、それぞれのプロコンリストを作成しましたが、ここでは「A：選択型」を採用します。あくまで簡易的なアンケートを想定し、複雑な回答が不要な選択式フォーマットが適していると判断します。

　生徒個別の細かい回答が必要な連絡は、担任からの連絡機能でカバーできます。

Chapter 05

プロタイプ：緊急のお知らせ

災害やインフルエンザの流行など、緊急で保護者と生徒に連絡が必要な場合に使用します。

図 5.81 緊急のお知らせ（ポップアップ）

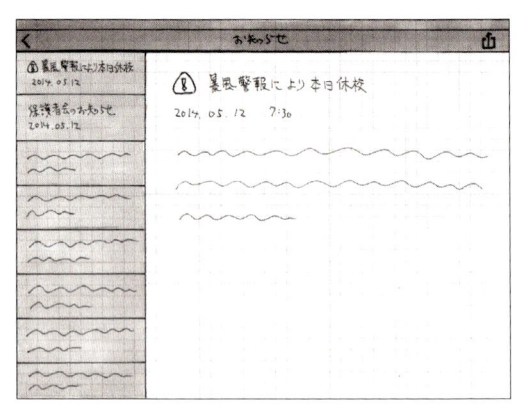

図 5.82 お知らせ（詳細表示）

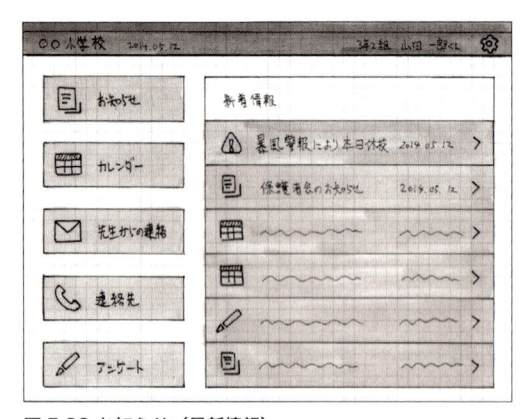

図 5.83 お知らせ（最新情報）

　緊急通知のため、タイトルと概要はポップアップで表示します。詳細情報は別途お知らせの1項目として表示します。

5-5 会議管理アプリ

本項では、社内会議資料の共有と会議中の資料閲覧の効率化を図る、業務用タブレットアプリを想定して、プロトタイプを作成します。

5-5-1 分析・仮説

会議管理アプリは、企業内など比較的クローズドかつセキュアな環境でデータをやりとりすることを想定しています。また、社員全員に企業から業務用iPadが支給されている、社内サーバなど会議資料をアップロードできるシステムが整っていることが前提となります。ちなみに、本項の前提とは異なりますが、「Dropbox」などのクラウドとFacebookやTwitter認証を組み合わせて、社外のプロジェクトメンバーと共に利用できる仕組みを作ることも可能です。

ユースケースと利用シーン

会議管理アプリのユースケースやターゲットユーザー、利用シーンなどのは以下になります。

●ユーザーの利用状況
- who：特定企業内の社員（会議参加者）
- what：会議資料の共有
- when、where：会議前、会議中に社内で
- how：タブレット内に会議についての全ての情報や資料を集約する
- why：資料の印刷や配布などの手間を省いて効率化する

●ターゲットユーザー
- 特定企業内の社員（会議参加者）

●ユースケース
- 会議前に会議資料をメンバーと共有する、共有資料を参加者が事前確認する

- 会議中にアプリ内に保存されている資料を閲覧する
- 会議終了後、メールでアジェンダや資料を参加者以外に共有する

● 利用シーン

場所 環境	・会社 ・基本的に社内で使用するため、通信環境は比較的良好であることを想定 ・社内サーバにアクセスする設定が必要
時間帯 利用時間 利用頻度	・主に平日の朝から夜にかけて（深夜、早朝に使われるケースは少ない） ・準備の場合は10～20分程度、会議の場合は30分～1時間程度 ・会議開催とほぼ同数（多くても1日2～3回）
集中して使えるか 邪魔が入るのか	・集中して使える ※社内、業務中なので、誰かに話しかけられるなど邪魔が入る場合もある

表 5.61 利用シーン

● ワークフロー

タスク	・会議資料の共有 ・会議メンバーの招待 ・会議前の会議内容・資料確認 ・会議中の会議資料閲覧
必要なデータ	・会議内容 ・会議資料（会議資料が入っている社内サーバ情報） ・参加メンバーの情報（IDやメールアドレスなどでメンバー登録し、招待する）
その他	・社内サーバ内の会議資料一式が入っているディレクトリを指定し、そのディレクトリ内の資料を自動的にiPadに保存する（自動更新）

表 5.62 ワークフロー

要件定義と機能精査

上記を踏まえて、実装する機能候補を選出し、実装する機能とドロップする機能を振り分けます。

会議管理アプリの機能	
・機能候補	・設定
・会議管理	・TV会議機能
・お気に入り	・録音
・過去の会議	・議事録作成
・メンバー管理	

表 5.63 機能候補

あくまで会議の情報や資料の共有が目的です。会議予定日時や会議内容、資料など「会議を開催するために必要な情報」がこのアプリケーションのベースとなります。そのため、録音や議事

録作成など、iPad 上で複雑な編集が必要な会議後のフォロー機能は不要です。また、コストや時間も掛かり、「会議情報を共有する」コアコンセプトから外れる TV 会議機能も最初のフェーズではドロップします。ただし、遠隔地のメンバーでも iPad さえあれば打ち合わせが可能となる TV 会議機能は、将来的に実装する機能として検討すべきでしょう。

会議管理アプリの機能	
・機能候補	・設定
・会議管理	・TV 会議機能
・お気に入り	・録音
・過去の会議	・議事録作成
・メンバー管理	

表 5.64 精査後

結果、コアとなるのは以下の 4 機能となります。

- 会議参加者への会議情報共有といった会議管理
- 会議中の資料閲覧
- お気に入りや終わった会議など、会議管理を整理・補助する機能
- メンバー（会議に参加する社員）管理

ステートメントシート

ここまでの内容をまとめ、会議管理アプリのステートメントシートを作成します。

●ステートメント
特定のメンバー間で社内会議資料の共有と、会議中の資料閲覧の効率化をタブレットで行う。

●ターゲット
特定企業内の社員（会議参加者）

●ユースケース
・会議前にドキュメント、PDF、画像資料など資料を参加メンバー（3～5 名程度）と共有する
・会議中にアプリ内に保存されている資料を閲覧する
・会議終了後、メールでアジェンダや資料を参加者以外に共有する

●コア機能
 ・会議ごとの概要、資料をまとめる
 ・資料閲覧
 ・社内メンバー管理
 ・資料共有
 ・会議の通知

●諦めること
 ・TV会議機能（将来的には実装する）
 ・録音、議事録作成などiPad上での複雑な編集作業、会議後のフォロー

5-5-2　ペーパープロトタイピング

管理会議アプリのコア機能から、要素を構造化すると以下の通りです。

	第1階層	第2階層	第3階層
会議管理機能	・会議一覧	・会議詳細	
お気に入り機能	・お気に入り一覧		
過去の会議機能	・過去の会議		
メンバー管理機能	・メンバー一覧	・メンバー詳細	
設定機能	・設定一覧	・ログイン	・ID/パスワード入力
		・設定詳細	・設定変更

表 5.65 構造化

アプリのタイプ

構造化したデータをもとに、アプリのタイプを検討します。ナビゲーション型とタブ型、変形ドロワー型を作成します。

●A：ナビゲーション型

左側のナビゲーションで、会議（管理）機能、お気に入り機能、過去の会議機能、メンバー管理機能、設定機能を選択します。選択された機能のコンテンツが右側に表示されます。次図のペーパープロトタイプは、会議機能のトップと会議選択後の会議詳細を表示している画面です。

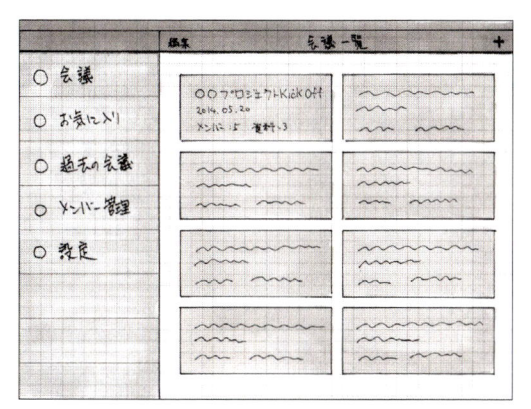

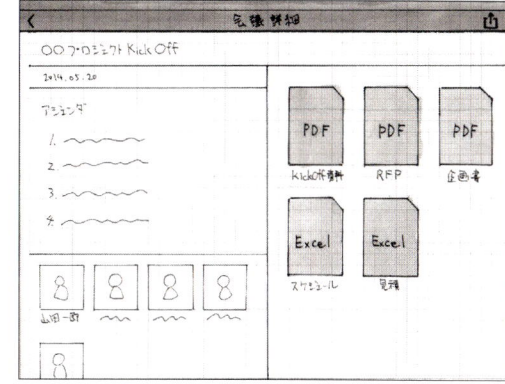

図 5.84 ナビゲーション型（A）　　　　　図 5.85 会議詳細画面

Pros	Cons
・構造化できる ・拡張が容易	・複数のコンテンツの並列移動ができない ・階層が深くなる

表 5.66 プロコンリスト

● B：タブ型

　画面下部のタブで、各機能を並列に切り替えることが可能です。下図のペーパープロトタイプは会議機能を表示している状態で、タブ選択後はナビゲーション型と同様の構成になります。

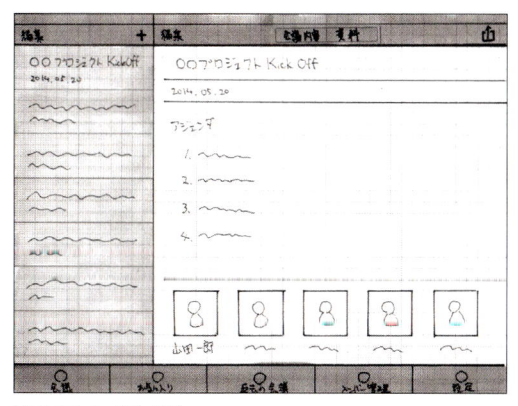

図 5.86 タブ型（B）

Pros	Cons
・複数のコンテンツを並列移動できる ・ナビゲーション型を内包できる	・拡張が限られる

表 5.67 プロコンリスト

●C：変形ドロワー型

　ドロワー型と同様、左側にメニューを縦に並べて常時表示します。タブレットの横表示で横幅に余裕があるため、一般的なiPhoneのドロワー型と違い、メニュー表示・非表示の切り替え機能はありません。下図のペーパープロトタイプは、タブ右横のナビゲーションで会議の一覧情報を表示し、さらにその右横のスペースで、選択されている会議の詳細情報を表示します。

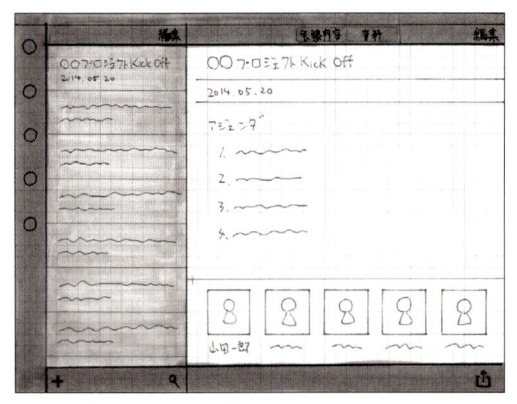

図5.87 変形ドロワー型（C）

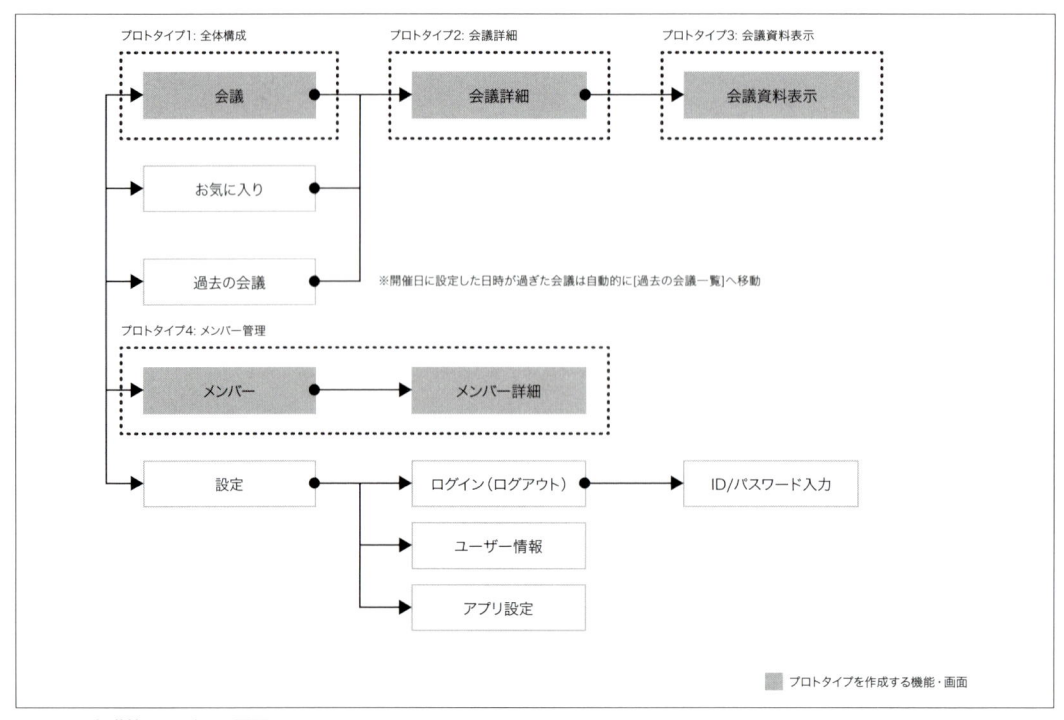

図5.88 会議管理アプリの画面フロー

Pros	Cons
・拡張が通常のタブ型より容易 ・複数のコンテンツを並列移動できる ・ナビゲーション型を内包できる	・工数と予算が掛かる

表 5.68 プロコンリスト

会議管理アプリでは、「C：変形ドロワー型」を選択します。TV会議機能など今後の機能拡張もあり得るので、拡張性の高さと並列移動の容易さが重要となります。将来の拡張性を確保する意味でも、初期開発に工数や費用をある程度かけて基礎をきっちり構築しておくべきです。

画面フロー

ドロワー型の会議管理アプリは、左下図の構成と画面フローが考えられます（図5.88）。

プロトタイプ：会議詳細

メイン機能である会議詳細画面の構成を検討するプロトタイプを作成します。

会議詳細画面では、会議タイトルや会議の実施日時、アジェンダなどの会議概要、PDF・ドキュメント・画像などの会議資料、会議の参加メンバーなどを表示します。また、会議情報の編集や資料追加、メンバー追加、メールなどで会議情報をシェアする機能も必要です。

● A：セグメンテッドコントロールでの切り替え型

上部ナビゲーションバー中央のセグメンテッドコントロールで「会議内容」を表示する画面と、その会議に必要な「会議資料」を表示する画面を切り替えます。

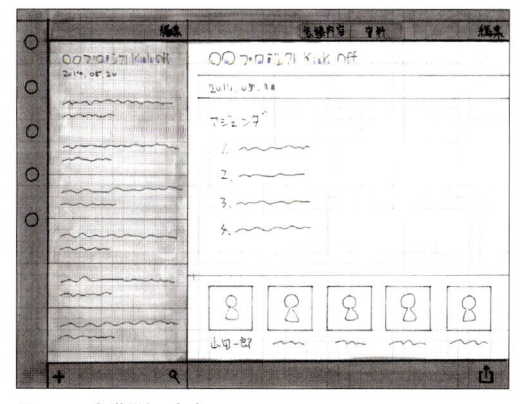

図 5.88 会議詳細（A）

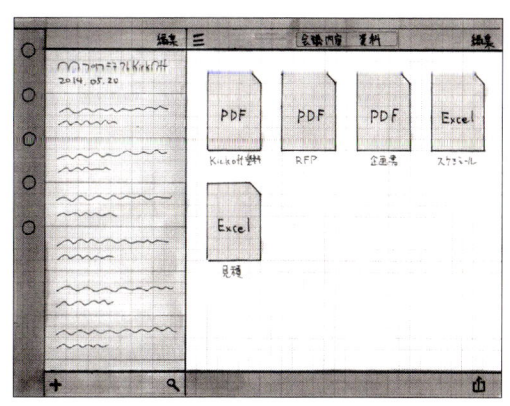

図 5.89 会議資料

Pros	Cons
・資料を表示、コントロールしやすい ・スクロールが発生しにくい	・切り替えが必要

表 5.69 プロコンリスト

● B：全部表示型

前述の A 案では分割し、セグメンテッドコントロールで切り替えて表示する、会議内容と会議資料を 1 画面にまとめた画面構成です。

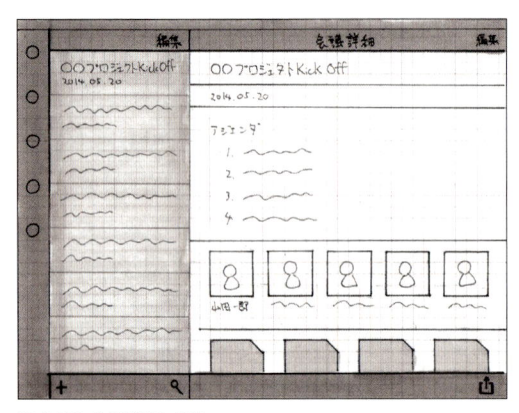

図 5.90 会議詳細（B）

Pros	Cons
・切り替え不要	・スクロールが発生しやすい

表 5.70 プロコンリスト

今回の会議管理アプリでは、「A：セグメンテッドコントロールでの切り替え型」を選択します。ユースケースの「会議中にアプリ内に保存されている資料を閲覧する」を考えると、A 案の会議資料画面（図 5.89）のように資料を 1 画面で一覧できるビューがあると、資料の切り替え・閲覧が容易です。メイン機能の 1 つである会議資料が見やすく使い勝手がよいことや、スクロールが発生しにくいなど、操作の快適性を重視して A 案が最適と判断します。

プロトタイプ：会議資料表示フロー

会議資料の表示フローを検討するためのプロトタイプを作成します。会議資料のサムネイル、会議資料名など資料情報に加え、会議資料を全画面表示する機能も必要です。

● A：一覧・詳細分割型の画面を挟むフロー

　会議資料画面で資料のアイコンをタップした後、資料の全画面表示までに1クッション、資料の拡大表示を入れます。右上の全画面表示ボタンをタップすると、資料を全画面表示します。全画面表示状態で画面をタップすると、画面上部にナビゲーションバーを表示します。

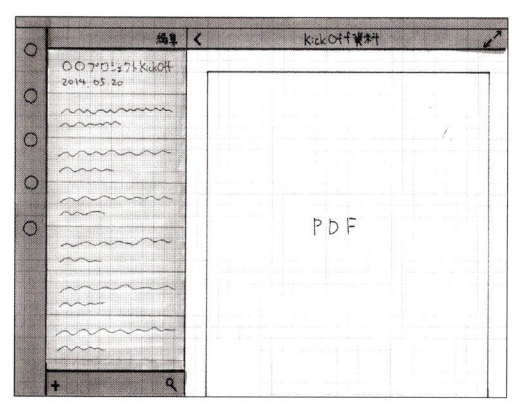

図 5.91 会議資料表示フロー（A）

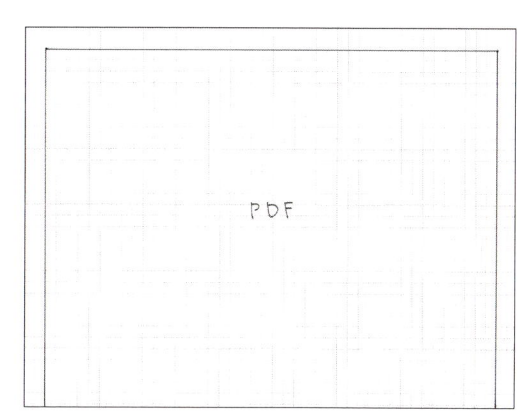

図 5.92 全画面表示

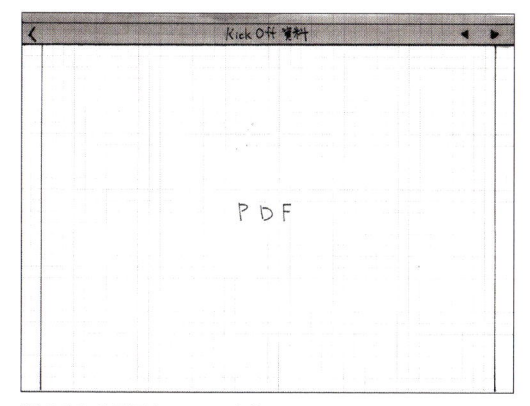

図 5.93 全画面表示＋ナビゲーションバー

Pros	Cons
・他の会議情報への並列移動が容易	・階層が深くなる

表 5.71 プロコンリスト

　簡単に他の会議の情報に遷移することができるUIですが、最下層のPDF全面表示画面までいくのにタップ数が増えるのが欠点です。

● B：全画面表示フロー

会議資料画面の資料アイコンをタップすると、資料の拡大表示は挟まず、資料を全画面で表示する画面へ遷移します。全画面表示後のフローはA案と同様に、画面タップでナビゲーションバーを表示します。

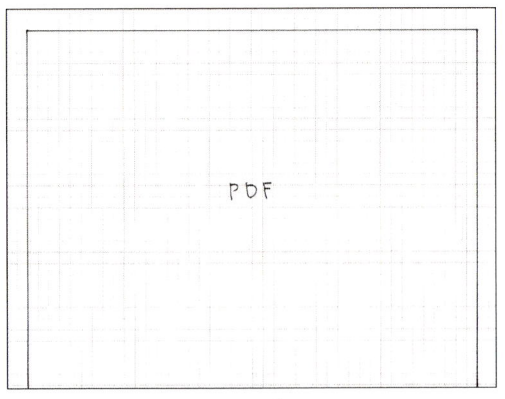

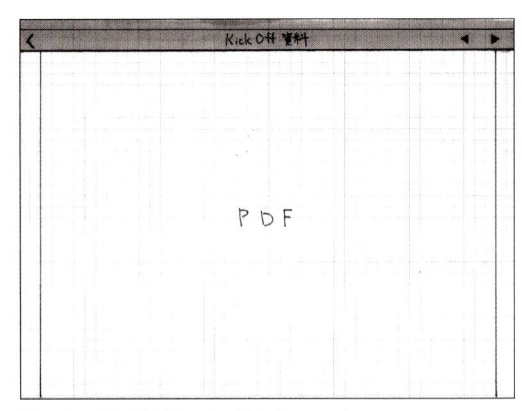

図 5.94 会議資料表示フロー（B）

図 5.95 全画面表示＋ナビゲーションバー

Pros	Cons
・階層が浅くなる （資料全画面表示へのアクセスが容易）	・他の会議情報への並列移動ができない

表 5.72 プロコンリスト

会議資料表示フローは、B案の直接全画面表示へ遷移するフローを選択します。

会議開催中に、他の会議情報が頻繁に必要となるシーンはあまり発生しないと考えられるためです。余計な画面を挟むと、ユーザビリティは低下し開発コストは上昇するため、可能な限りシンプルな構成にします。

プロトタイプ：メンバー管理

メンバー管理画面の構成を考えるためのプロトタイプを作成します。メンバー名（ユーザーID）や部署名などメンバーの情報を表示します。また、機能としてメンバー追加、削除、メンバー情報編集も必要です。

● A：一覧・詳細分割型

画面左側にメンバー情報をリストで一覧表示し、そこで選択されたメンバーの詳細情報を右側に表示します。

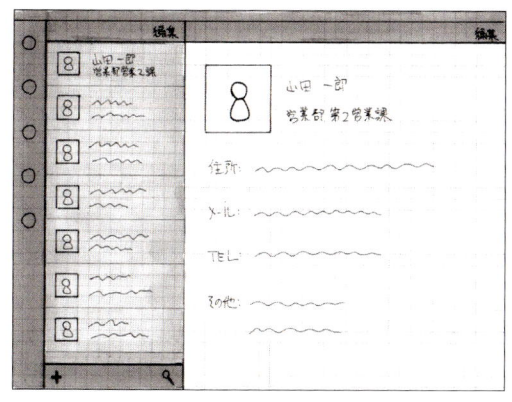

図 5.96 メンバー管理（A）

Pros	Cons
・各メンバーの詳細情報が見やすい	・メンバー全体の一覧性が限られる

表 5.73 プロコンリスト

● B：ポップアップ表示型

画面全体にメンバー情報を一覧表示します。メンバーを選択すると、ポップアップでそのメンバーの詳細情報が表示されます。

図 5.97 メンバー管理（B）

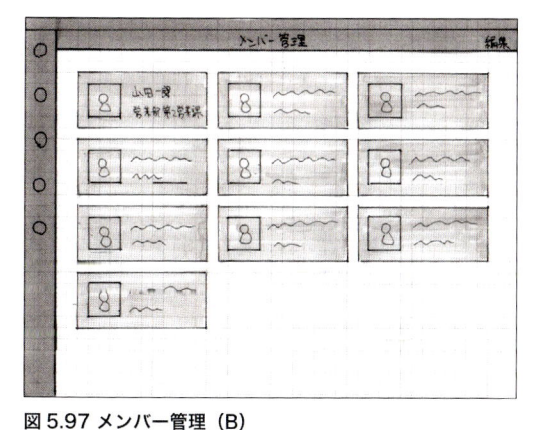

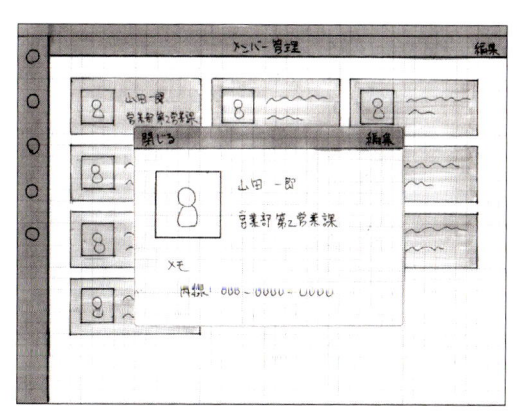

図 5.98 詳細情報

Pros	Cons
・メンバー全体の一覧性が高い	・各メンバー詳細情報は簡易的

表 5.74 プロコンリスト

メンバー管理の画面 UI は、「B：ポップアップ表示型」を選択します。

メンバー管理画面の目的はメンバーの一覧表示と追加・削除です。アプリの目的はあくまで会議情報の共有であり、同じ会社内での使用を想定しています。そのため、住所や電話番号、メールアドレスなど詳細情報をアプリ内で管理する必要はありません。

プロトタイプ：資料表示切り替え

プロトタイプの比較は行いませんが、レイアウト案として資料表示切り替えのペーパープロトタイプを作成します。

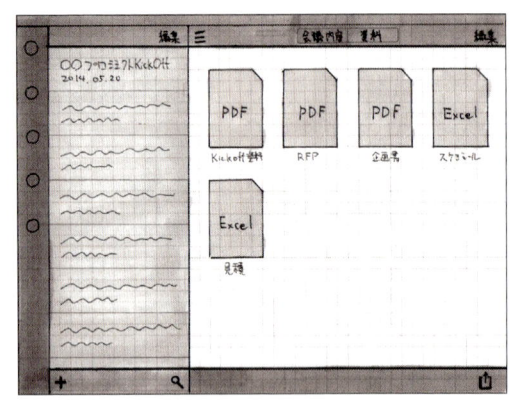

図 5.99 資料表示（サムネイル）　　　図 5.100 資料表示（リスト）

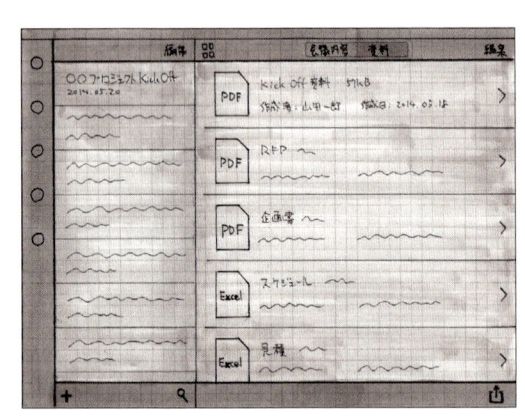

上部ナビゲーションバーの左端トグルボタンで、サムネイル表示とリスト表示を切り替え可能にします。サムネイル表示と比べると一覧性は低下しますが、資料の正確なファイル名や編集者、ファイルサイズなど詳細情報が必要な際には表示させることができます。

参考サイト

■Cocoa Controls
iOS と OS X 向けのカスタム UI を紹介するサイト。開発者向けで実際のソースコードも公開されているが、UI デザインを考える上での参考サイトとしても有用。
https://www.cocoacontrols.com/

■Mobile Patterns
モバイル向け UI を紹介するギャラリーサイト。カレンダー、タイムラインといった UI のカテゴリ別に探すことができる。
http://www.mobile-patterns.com/

■Pttrns
モバイル UI ギャラリーサイト。一つ一つのアプリケーションをクローズアップしており、スクリーンショットの数も多い。
http://www.pttrns.com/

■MobileMozaic
モバイル UI ギャラリーサイト。アプリケーションカテゴリと UI パターンの 2 種類の切り口でまとめられている。
http://www.mobilemozaic.com/

■Mobile Design Pattern Gallery
iOS、Android 向けモバイル UI ギャラリーサイト。パターンが細かく分けられているため探しやすい。
http://www.mobiledesignpatterngallery.com/mobile-patterns.php

■スマホ用ペーパープロトタイピング・パッド & タブレット用ペーパープロトタイピング・パッド
THE GUILDで独自に開発したiPhone/iPad miniアプリ設計用オリジナルノート販売サイト。
https://theguild.stores.jp/

■UI Stencils
さまざまなUIステンシルを販売しているサイト。WebサイトやiPhone、iPad、Android向けなどステンシルキットやUI設計に関連する商品を販売している。
http://www.uistencils.com/

用語集

■Briefs
Macを使ってiOS、Android向けの高度なプロトタイプを作ることができるアプリケーション。機能は豊富だが、使いこなすにのに時間がかかり、また価格も比較的高い。

■PDCAサイクル
Plan（計画）→ Do（実行）→ Check（評価）→ Act（改善）を繰り返して行うことにより、業務やプロダクトといった対象物を継続的に改善していくプロセス。

■POP
ペーパープロトタイプやデザインカンプ画像をスマートフォン端末に取り込んで、他の画面へのリンクを付けて遷移を確認できるスマートフォンアプリ。シンプルで低コストな反面、機能は少ない。

■イメージボード
関連するビジュアルイメージやUIを目録化したイメージスクラップ。特定のメンバー間でデザインイメージを共有するためのツール。

■インタラクション
ユーザーの操作（アクション）に対するプロダクト反応（リアクション）、場合によってはそれが反復される、ユーザーとプロダクト間で起こる相互作用。

■インフォメーションアーキテクト（IA）
情報設計者。本書ではUI設計を含む総合的な情報設計者を指す。

■ウォークスルー
レビュー時にユーザー役とシステム役を決め、その人間がプロトタイプを使ってプロダクトのシミュレーションを行うレビュー方法。

■エンジニア
SE、プログラマを含む開発担当者。

■観察者
テスト中にテスト被験者のプロダクトを使う様子を観察し、レポートや動画として詳細な記録をとる。

■企画書、企画提案書
プロダクト開発背景や目的、ターゲットユーザー像、利用シーン、開発スケジュールなど、プロダクト開発のベースとなる情報がまとめられたドキュメント。

■**クライアント**
受託案件の発注者。プロダクトに関する決裁者。

■**検証**
チーム内での検討やユーザーレビューを繰り返すことで、設計者が考えていなかったような仕様やフローの問題のチェック、あらゆる機能の使い勝手を再確認するフェーズ。

■**高精度プロトタイプ**
実際にソフトウェアとして機能する暫定システムレベルのプロトタイプ。

■**ゴール**
ユーザーがプロダクトを使って達成したい目的や得たい体験。

■**ステートメントシート**
アプリの本質を1行で表した文章と補足情報をまとめたシート。意思決定者と共に作成し、コアコンセプトをチーム全体で共有し続けるためのツール。

■**ターゲットユーザー**
プロダクトを使うと想定される、メインのユーザー層。

■**チーム内レビュー**
メンバーやクライアントなどプロジェクト関係者で行う確認と利用シミュレーション。設計者以外の第三者視点、技術的観点で設計を見直すことが主な目的。その検証結果を取り入れてプロトタイプを改善し、ユーザーレビューを実施する。

■**ツールを使ったプロトタイピング**
ペーパープロトタイプやデザインカンプを端末に取り込んで、実際に触ったら動作するインタラクティブなプロトタイピング。実機上で動作させるため、より完成品に近い状況で検証することができる。

■**低精度プロトタイプ**
詳細仕様が詰めきれていない時点で作成されるペーパープロトタイプや単純な動作モックレベルのプロトタイプ。

■**デザインカンプ、デザイン画面**
ビジュアルデザインを含めた、実際のプロダクトの仕上がりを示すための完成見本。

■**デスクリサーチ**
文献調査。インターネットや出版物など各種メディアから、対象に関係する情報を収集する調査方法。

■**テスト被験者**
ユーザーテストを受ける人物。ユーザーモデルに近い人物が望ましい。

■動作モック
ペーパープロトタイプやデザインカンプを端末に取り込んで、実際に触ったら動作するインタラクティブなプロトタイプ。

■トランジション
画面と画面の切り替え時の処理。本書では主に画面遷移時のアニメーションを指す。

■ファシリテータ
ユーザビリティテストの進行役。

■フィッシュボーン図
問題と原因を細かく分析・網羅するツール。曖昧な問題をブレイクダウンすることができる。

■フィールドワーク
実地調査。開発するプロダクトに関連した場所へ行き、体験、観察、アンケートなど実態に即した調査を通して現地で情報を得る調査方法。

■プレス・ファースト
商品開発の前に作成する疑似プレスリリース。それに対するユーザーの反応をテストすることが目的。

■プロトタイプ
シミュレーションを目的とした、本実装を行う前に作成する試作品。

■プロトタイピング
プロトタイプを制作することおよびその過程。本書ではペーパープロトタイピングを中心とした、設計フェーズの早期段階からプロダクトのモックを作成し、検証と改善を繰り返すことで、機能要件や仕様、UIデザインを進めていくための手法を指す。

■プロトタイピングツール
デザインカンプや画像リソースを用いて動作モックを生成するアプリやWebサービスなど。

■ペーパープロトタイピング
アプリケーションやWebサイトといったプロダクト開発の際に、紙にインターフェイスを手書きしてプロトタイプを作成し、インターフェイスやデザインを検証する手法。

■ペルソナ
プロダクトのメインターゲットで、実際にプロダクトを使用する人物のモデル。

■プロコンリスト
長所（Pros）と短所（Cons）を並列にならべたリスト。感情と好みを排除したデザイン評価ができる。

■プロダクト
制作物。本書では主にWebサイト、スマートフォンアプリを指す。
■プロジェクトマネージャ
プロダクト開発責任者。プロダクトに関する決裁者。クライアントが存在する場合はクライアントが最終決裁者となる。

■ユーザーインターフェース（UI）
プロダクトとユーザーとの間でとの間で情報をやりとりする仕組み。本書では主に、プロダクトの画面に表示されるメニューやアイコンといった要素や、それらの操作手順などを指す。

■UI設計
プロダクトのユーザーインターフェース設計。

■UI設計書
プロダクトの全体構成や画面単位でのUIや表示する情報、画面遷移やインタラクションなど、プロダクトのユーザーインターフェース仕様を記載したドキュメント。画面遷移図、ワイヤーフレーム。

■ユーザーシナリオ
ユーザーが一定の状況で目的を達成するまでの一連の流れ。目的を達成するための最良のストーリー。

■ユーザビリティテスト
プロダクトのユーザビリティの検証をユーザー視点で行うテスト手法。本書では、簡易レビューとして紹介している「ユーザーレビュー」に対し、専門的な機材や場所、人材を用意し、正式な手順でおこなう本格的なユーザビリティの評価手法を指す。

■ユーザーレビュー
ユーザーモデルに近い立場の人間でプロダクトの開発に関わっていない人を被験者とし、できるだけプロダクトが実際に使用されるのに近い状態で使い勝手を検証するレビュー。ユーザー視点での問題点を洗い出すことが主な目的。

■ユースケース
ペルソナが実際にそのプロダクトをどのように使うかといった、具体的な利用目的。

■要件定義
実装する機能や表示させるコンテンツなどを精査し、プロダクトの要件を検討するフェーズ。

INDEX

■ A
Adobe Flash ———————————— 73
After Effects ———————————— 73
App Store ————————————— 10
Apple Developer 登録 ——————— 160

■ B
Briefs ———————————— 23, 28, 140

■ C
Cons（短所）———————————— 111

■ D
Demonstrate ——————————— 155
Dropbox ————————————— 138

■ F
fladdict 式ペーパープロトタイピング作成ツール —— 117
fladdict 式メソッド ————————— 111
Flinto ——————————————— 156

■ G
Google Play ————————————— 10

■ I
Illustrator ————————————— 54
InVision —————————————— 157
iOS テンプレート —————————— 119
iOS ピクセル実寸三角スケール ———— 119
iPad 編集 ————————————— 138

■ M
Marvel —————————————— 156

■ O
Origami ————————————— 160

■ P
PDCA サイクル —————————— 25, 36
Photoshop ————————————— 54
POP ————————————— 23, 28, 70, 122
Pros（長所）———————————— 111
Proto.io ————————————— 158

■ Q
Quartz Composer —————————— 160

■ S
SMS 共有 ————————————— 136
Stand In —————————————— 158
Storyboard ————————————— 159

■ T
THE GUILD ———————————— 117
TiltShiftGen2 ———————————— 162
Too コピック ———————————— 98

■ U
UI ———————————————— 11
UI コンポーネント —————————— 109
UI 設計 ———————————— 14, 34, 54
UX デザイン ———————————— 34

■ X
Xcode —————————————— 159

■ あ
アニメーション表現 ————————— 73
アプリタイプ ——————————— 57, 61
アプリタイプ（カーシェアリングアプリ）—— 172
アプリタイプ（会議管理アプリ）———— 220
アプリタイプ（家具カタログアプリ）——— 190
アプリタイプ（連絡帳アプリ）————— 206

■ い
イメージボード ——————————— 117
インタラクション —————————— 14
インタラクションデザイン ——————— 72

■う
ウォーターフォールモデル — 10

■か
解決策 — 37
開発フロー — 34
仮説 — 36, 37, 39
仮説（カーシェアリングアプリ）— 169
仮説（会議管理アプリ）— 217
仮説（家具カタログアプリ）— 187
仮説（連絡帳アプリ）— 202
仮説設定 — 37
仮想ユーザーモデル — 42
型紙 — 99
画面遷移 — 65
画面デザイン — 34
画面フロー（TiltShiftGen2）— 163
画面フロー（会議管理アプリ）— 223
画面フロー（家具カタログアプリ）— 192
画面フロー（連絡帳アプリ）— 208

■き
企画 — 34
技術レビュー — 78
機能精査 — 49
機能精査（カーシェアリングアプリ）— 170
機能精査（会議管理アプリ）— 218
機能精査（家具カタログアプリ）— 188
機能精査（連絡帳アプリ）— 203
機能選定 — 49
機能別プロトタイプ作成 — 67
共通ルール — 56

■く
グルーピング — 53

■け
検証 — 36, 38, 77
検証フロー — 77

■こ
コア機能 — 52, 113
公開 — 34, 35

高精度プロトタイピング — 9
構造化 — 54
コピックマルチライナー — 98
個別プロトタイプ作成 — 67
コンテンツ選定 — 49
コンペ — 28

■さ
作図 — 55
作成フロー（Briefs）— 143
作成フロー（POP）— 124

■し
下書き — 104
実践 — 161
実装 — 34, 35
実地調査 — 40
シナリオ — 78
状態変化 — 109
情報収集 — 37

■す
スケジュール — 88
ステートメント — 113
ステートメントシート — 52, 112
ステートメントシート（TiltShiftGen2）— 162
ステートメントシート（カーシェアリングアプリ）— 171
ステートメントシート（会議管理アプリ）— 219
ステートメントシート（家具カタログアプリ）— 189
ステートメントシート（連絡帳アプリ）— 204
ステンシル — 99

■せ
清書 — 106
静的プロトタイピング — 17
設計書 — 11
遷移図 — 11, 14
遷移フロー — 67
遷移矛盾 — 78

■た
ターゲット — 52, 113
ターゲットユーザー — 43

タイミング ― 35
多数決 ― 80
タスク ― 47
タブ型 ― 57, 59, 61, 63, 173
短所 (Cons) ― 111

■ち
忠実度 ― 72
調査 ― 34, 41
長所 (Pros) ― 111

■つ
ツールプロトタイピング ― 20, 121

■て
提案フェーズ ― 28
低精度プロトタイピング ― 9
テーブルリスト ― 58
デザイン ― 35
デザインカンプ ― 11
デザインプロセス ― 34, 36
デスクリサーチ ― 39
テスト ― 34
テスト計画 ― 88
テスト実施 ― 91
テストシナリオ ― 87
テスト被験者 ― 89
デメリット (Briefs) ― 142
デメリット (POP) ― 124
デメリット (ツールプロトタイピング) ― 22
手戻り ― 14

■と
道具 ― 96
動作モック ― 20, 136
動作モック (TiltShiftGen2) ― 168
動作モック検証 ― 84
動作モック作成 ― 70
ドリルダウン ― 58
ドロワー型 ― 57, 59, 61, 63, 174

■な
ナビゲーション型 ― 57, 58, 61, 62

■の
納品 ― 34

■は
パーツテンプレート ― 99, 101, 105

■ひ
ピクセルスケール ― 120
ピグマ ― 98

■ふ
フィードバック ― 14
フィールドワーク ― 40, 41
フィッシュボーン図 ― 67, 68, 114
物理的プロトタイピング ― 17
ブレス・ファースト ― 114
プログラミング ― 34
プロコンリスト ― 111
プロジェクト作成 ― 127
プロセス (ペーパープロトタイピング) ― 104
プロダクト構造 ― 57
プロトタイピング ― 8, 37, 53
プロトタイピングツール ― 23, 155
プロトタイプ作成専用ツール ― 14
プロトタイプ設計 ― 53
プロトタイプ提案 ― 28
文献調査 ― 39
分析 ― 36, 37, 39
分析 (カーシェアリングアプリ) ― 169
分析 (会議管理アプリ) ― 217
分析 (家具カタログアプリ) ― 187
分析 (連絡帳アプリ) ― 202

■へ
ペーパープロトタイピング ― 14, 17, 18, 95
ペーパープロトタイピング (TiltShiftGen2) ― 163
ペーパープロトタイピング (カーシェアリングアプリ) ― 172
ペーパープロトタイピング (会議管理アプリ) ― 220
ペーパープロトタイピング (家具カタログアプリ) ― 190
ペーパープロトタイピング (連絡帳アプリ) ― 205
ペーパープロトタイピング作図 ― 54
ペーパープロトタイピングパッド ― 97, 117
ペーパープロトタイプ検証 ― 81

ペルソナ ―― 37, 42, 43, 78

■ほ
ポストイット ―― 99
没入型 ―― 57, 60, 61, 64
ポップアップ ―― 109
ホワイトボード ―― 103

■め
メイン機能 ―― 67
メリット（Briefs） ―― 141
メリット（POP） ―― 123
メリット（ツールプロトタイピング） ―― 22
メリット（プロトタイピング） ―― 13
メリット（プロトタイプ提案） ―― 28
メリット（ペーパープロトタイピング） ―― 18

■も
問題解決 ―― 37
問題発見 ―― 37
問題別プロトタイプ作成 ―― 67

■ゆ
ユーザーインターフェイース ―― 11
ユーザーレビュー ―― 78, 79, 80, 83
ユーザビリティテスト ―― 78, 80, 86
ユースケース ―― 37, 45, 52, 113
ユースケース（カーシェアリングアプリ） ―― 169
ユースケース（会議管理アプリ） ―― 217
ユースケース（家具カタログアプリ） ―― 187
ユースケース（連絡帳アプリ） ―― 202
ユーティリティ型 ―― 57, 58, 61, 62, 172

■よ
要件精査 ―― 48
要件定義 ―― 34, 37, 48
要件定義（カーシェアリングアプリ） ―― 170
要件定義（会議管理アプリ） ―― 218
要件定義（家具カタログアプリ） ―― 188
要件定義（連絡帳アプリ） ―― 203
要素配置 ―― 55

■ら
ラフスケッチ ―― 17

■り
リサーチ ―― 37, 39
リスト化 ―― 53
領域分割 ―― 55
利用シーン ―― 37, 45
利用シーン（カーシェアリングアプリ） ―― 169
利用シーン（会議管理アプリ） ―― 217
利用シーン（家具カタログアプリ） ―― 187
利用シーン（連絡帳アプリ） ―― 202
利用状況 ―― 42

■れ
レイアウト ―― 14
レビュー ―― 78

■わ
ワークフロー ―― 47
ワイヤーフレーム ―― 17

謝辞

　今回の書籍を執筆するにあたり、多くの方々のご協力をいただきました。企画当初より支えていただいた編集の丸山弘詩氏（Hecula, Inc.）と畑中二四氏（株式会社インプレス）のお二方、共著者として様々なアドバイスや無理な依頼を快くお引き受けいただいた深津貴之氏（THE GUILD, Art & Mobile）、本当にありがとうございました。

　また、原稿のチェックや構成にアドバイスをいただいた福井大樹氏（株式会社はてな）、イラストや写真の準備、その他ご協力いただいた髙取藍氏、尼寺慶子氏、吉竹遼氏、加藤勝也氏をはじめとしたフェンリル株式会社の皆様、ならびに今回の執筆に際して様々なご協力をいただきました関係者諸氏には、この場を借りて御礼申し上げます。

著者を代表して
荻野 博章

著者プロフィール

深津 貴之（ふかつ・たかゆき）

UIデザイナー。株式会社thaを経てFlashコミュニティで活躍。2009年の独立以降は活動の中心をスマートフォンアプリのUI設計に移し、株式会社Art& Mobile、クリエイティブユニットTHE GUILDを設立する。App Storeのトップランキングに入るアプリケーションを多数作成する傍ら、執筆や講演などでも勢力的に活動中。現職・Art&Mobile CEO兼THE GUILD代表。

荻野 博章（おぎの・ひろあき）

UIデザイナー。カナダ・オンタリオ州立カレッジ卒業後、トロント市内の出版社でフリーペーパーのDTP兼Webデザイナーを務める。2009年よりフェンリル株式会社のスマートフォンUI デザイナーとして、iPhone、Android、Windowsストアアプリなど、200以上のアプリの企画提案やデザインを手掛ける。現職・フェンリル株式会社共同開発部デザインチームマネージャー兼チーフデザイナー。著書『iOS7 デザインスタンダード』（インプレスジャパン刊）。

編集者プロフィール

丸山 弘詩（まるやま・ひろし）

Hecula,Inc.代表取締役。書籍編集者。iPhoneやAndroidなどスマートフォン全般、BSDならびにLinux関連に深い造詣を持つ。関連書籍の執筆・編集はもちろん、アプリケーションの企画開発、運用やプロモーションを手掛け、様々な分野のコンサルティングやプロダクトディレクションなども担当。

◆協力
福井 太樹（株式会社はてな）
フェンリル株式会社

◆STAFF
装丁　　　　久米 康大（FretJamDESIGN）
本文デザイン　鈴木 良太（Rin Inc.）
DTP　　　　Hecula,Inc.
編集　　　　丸山 弘詩（Hecula,Inc.）
　　　　　　畑中 二四（株式会社インプレス）

■お買い上げ書籍についての問い合わせ先
本書の内容に関するご質問は、書名・ISBN（奥付ページに記載）・お名前・電話番号と、該当するページや具体的な質問内容、お使いの動作環境などを明記のうえ、インプレスカスタマーセンターまでメールまたは封書にてお問い合わせください。なお、本書発行後に仕様が変更されたハードウェア、ソフトウェア、サービスの内容等に関するご質問にはお答えできない場合があります。また、以下のご質問にはお答えできませんのでご了承ください。

・書籍に掲載している手順以外のご質問
・ハードウェア、ソフトウェア、サービス自体の不具合に関するご質問
・インターネットや電子メール、固有のデータ作成方法に関するご質問

■乱丁・落丁本のご返送先
乱丁・落丁本などは、送料当社負担にてお取り替えいたします。お手数ですがインプレスカスタマーセンターまでご返送ください。

■読者様のお問い合わせ先
インプレスカスタマーセンター
〒102-0075 東京都千代田区三番町20番地
TEL：03-5213-9295 / FAX：03-5275-2443
E-Mail：info@impress.co.jp

■本書のご感想をぜひお寄せください
http://www.impressjapan.jp/books/1114101013

［読者アンケートに答える］をクリックしてアンケートにぜひご協力ください。はじめての方は「CLUB Impress（クラブインプレス）」にご登録いただく必要があります。アンケート回答者の中から、抽選で**商品券（1万円分）**や**図書カード（1,000円分）**などを毎月プレゼント。当選は賞品の発送をもって代えさせていただきます。

アンケート回答で本書の読者登録が完了します

読者登録サービス　CLUB Impress　登録カンタン 費用も無料!

プロトタイピング実践ガイド
スマホアプリの効率的なデザイン手法

2014年 7月11日　初版第1刷発行

著者　深津 貴之、荻野 博章
発行人　土田 米一
発行所　株式会社インプレス
　　　　〒102-0075 東京都千代田区三番町20番地
　　　　TEL 03-5275-2442
　　　　ホームページ http://www.impress.co.jp

本書は著作権法上の保護を受けています。本書の一部あるいは全部について（ソフトウェア及びプログラムを含む）、株式会社インプレスから文書による許諾を得ずに、いかなる方法においても無断で複写、複製することは禁じられています。

Copyright ©2014 Takayuki Fukatsu, Hiroaki Ogino and Hecula, Inc. All rights reserved.

印刷所　株式会社 廣済堂
ISBN978-4-8443-3624-2
Printed in Japan